# Visual Basic.NET
## 程序设计
——基于能力培养的编程技术及工程应用

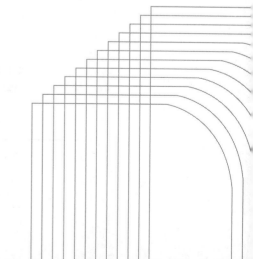

U0240605

主编　唐　茂　倪妍婷

重庆大学出版社

## 内容提要

本书以 Visual Studio.NET 2017(VS 2017)版为平台,系统地介绍了 Visual Basic.NET(VB.NET)的基础编程语法和编程理论,以及 VS 2017 程序设计工具平台,通过翔实和丰富的例题讲解引领读者了解面向对象的程序界面设计基础、VB.NET 基本语法、流程控制结构、数组、函数与过程、图形应用程序等章节的内容。

本书主要供程序设计初学者使用,内容丰富,由浅入深,循序渐进,讲解通俗易懂,并在一般性例题的基础上穿插了多个工程应用实例。本书既可作为高等学校机械工程专业本科生的计算机编程教材,也可作为工科类院校计算机工程应用初级课程教材使用。

**图书在版编目(CIP)数据**

Visual Basic.NET 程序设计:基于能力培养的编程
技术及工程应用／唐茂,倪妍婷主编. -- 重庆:重庆
大学出版社,2021.5
ISBN 978-7-5689-2605-8

Ⅰ.①V… Ⅱ.①唐… ②倪… Ⅲ.①BASIC 语言—程
序设计 Ⅳ.①TP312.8

中国版本图书馆 CIP 数据核字(2021)第 057286 号

**Visual Basic.NET 程序设计**
——基于能力培养的编程技术及工程应用
Visual Basic.NET CHENGXU SHEJI
——JIYU NENGLI PEIYANG DE BIANCHENG JISHU JI GONGCHENG YINGYONG

主 编 唐 茂 倪妍婷
策划编辑:范 琪
责任编辑:付 勇 版式设计:范 琪
责任校对:关德强 责任印制:张 策
*
重庆大学出版社出版发行
出版人:饶帮华
社址:重庆市沙坪坝区大学城西路 21 号
邮编:401331
电话:(023)88617190 88617185(中小学)
传真:(023)88617186 88617166
网址:http://www.cqup.com.cn
邮箱:fxk@cqup.com.cn(营销中心)
全国新华书店经销
重庆华林天美印务有限公司印刷
*
开本:787mm×1092mm 1/16 印张:11.5 字数:283千
2021 年 5 月第 1 版 2021 年 5 月第 1 次印刷
印数:1—1 000
ISBN 978-7-5689-2605-8 定价:39.80 元

# 前　言

Visual Basic.NET(VB.NET)是从 Visual Basic 语言演变而来的一种为高效地生成类型安全和面向对象的应用程序而设计的语言。Visual Basic 允许开发人员开发面向 Windows、Web 和移动设备的程序。Visual Basic.NET(VB.NET)是基于微软.NET Framework 之上的面向对象的编程语言,它在语言上完全支持面向对象和.NET 框架两大新特性,使其既保持了原 Visual Basic 界面友好、简单易学的优点,又具有了 C++功能强大的特性(如像 C++一样的面向对象程序设计特性),成为跨平台的专业开发工具(成为开发 Windows 应用程序和 ASP.NET 程序的主要开发工具之一)。当然,其强大的功能也使得学习 VB.NET 相比以前的版本难一些,但相比.NET 平台上的其他语言(如 C++、C#等),还是容易掌握的。

本书考虑到读者一般是程序设计的初学者和所在学校学时的限制,重点介绍 VB.NET 的基本原理、概念、编程的思想、算法的训练和逻辑思维等基本概念。因此,在教材体系上采取循序渐进、新老结合的方式,许多知识单元(如结构化程序设计、数组、函数等)都保留原有的处理方式,并适当引入了一些 VB.NET 的新概念和方法,如将工科一些公式求导引入该教材的部分例题中;同时也将 VB.NET 面向对象编程的思想、程序设计的方法、可视化界面的设计等多方面进行了有机结合,使学生通过本书的学习,能夯实基础、开阔视野,为后续课程的学习打下坚实的基础。

本书作为高等学校学生学习 VB.NET 程序设计的教材,其对象是没有学过计算机程序设计的大学生。本书按照科学的学习方法设置例题,既注重概念清晰,又注意引导学生学以致用,使学生在较短的时间内学会用 VB.NET 语言编写程序,并具有初步的编程知识和能力,而不是仅停留在理论知识层面上。本书注重编程基础的培养,主要帮助学生学习程序设计方法,学习怎样去编写程序,为以后的进一步提高与应用打好基础。如果读者准备从事软件开发工作，可以在学习本书的基础上进一步学习相关专业知识。

本书由成都大学机械工程学院唐茂、倪妍婷担任主编，参加本书编写的还有成都大学陈熙静、李东友、王放、李东健、杨毅等。本书由成都大学本科教育教学改革项目（cdjgb2019006）和成都大学大学生创新训练计划孵化培育项目（CDU_CX_2020005）提供支撑，在此一并表示感谢！

由于编者水平有限，书中疏漏和不足之处在所难免，恳请专家和广大读者批评指正。作者 E-mail：Tangmao@ cdu.edu.cn，Niyanting@ cdu.edu.cn.

编　者

2021 年 2 月

# 目 录

# 第 1 章
## 绪 论

## 1.1　计算机程序设计技术发展的历程和现状

21世纪是计算机高速发展的时代,对于大学生,尤其是理工科学生,掌握一门计算机编程语言是基本要求。甚至有学者提出,计算机编程语言应和数学、语文、英语一样,纳入基础学科的行列,而不仅仅是理工科学生的课程。在人工智能时代,各类编程语言不断涌现,对于初学者来说,由于计算机编程需要较强的逻辑性,建议从简单的编程语言入手,逐步深入后再进行提升。

计算机的本质是程序的机器,程序和指令的思想是计算机系统中基本的概念。程序设计是软件开发人员的基本功,只有懂得程序设计,才能进一步懂得计算机,才能真正了解计算机是怎样工作的。通过学习程序设计,学习者可以进一步了解计算机的工作原理,更好地理解和应用计算机;掌握用计算机处理问题的方法;培养分析问题和解决问题的能力;具有编制程序的初步能力。对于非计算机专业的学生来说,尤其是工科同学,由于学过程序设计,理解软件生产的特点和生产过程,就能与程序开发人员更好地沟通与合作,开展本领域中的计算机应用,开发与本领域有关的应用程序。

因此,无论是计算机专业学生还是非计算机专业学生,都应当学习程序设计知识,并且把它作为进一步学习与应用计算机的基础。

要进行程序设计,首先需要解决两个问题:

①学习和掌握解决问题的思路和方法,即算法。

②学习怎样实现算法,即用计算机语言编写程序,达到用计算机解决问题的目的。

因此,学习计算机编程应当主要包括两个方面:算法和语言。算法是灵魂,不掌握算法等于舍本逐末,最终只能略懂皮毛。语言是工具,不掌握语言,编程就成了海市蜃楼。因此,算法和语言二者都是必要的,缺一不可。对于初学者,应以程序设计为中心,将二者紧密结合起来,既不能孤立、抽象地研究算法,更不能孤立、枯燥地学习语言。

算法是重要的,但本课程不是专门研究算法与逻辑的理论课程,不可能系统全面地介绍算法;也不是脱离语言环境研究算法,而是在学习编程的过程中,介绍有关的典型算法,引导学生思考怎样构造一个算法。编写程序的过程就是设计算法的过程。

Visual Basic.NET 是基于微软.NET Framework 之上的面向对象的编程语言。Visual Basic.NET 属于 Basic 系语言,其语法特点是以极具亲和力的英文单词为基础标识,以及与自然语言极其相近的逻辑表达,有时使用者会觉得写 VB.NET 代码就好像是在写英文句子一样,从这个角度来说,VB.NET 似乎是最高级的一门编程语言。当然在 Basic 系语言中,VB.NET 也确实是迄今为止较为强大的一门编程语言。因此,VB.NET 是一门特别适合初学者学习的语言,其趣味性和简易性让初学者很快就能体验到编程的快乐和成就感,并能在短时间内快速编写实用的模块,对本科生参与课程设计、工程实践也非常有利。

本教材的授课对象主要是工科专业的学生,也有非工科专业的学生;有本科生,也有专科(高职)学生。由于情况各异,要求不同,必须从实际出发,制订切实可行的教学要求和教学方案,进行理论与实践的有效结合。

对基础较好的学生,可以少讲多练,尤其需要注重将编程与工科具体理论结合进行,将所学编程理论及时进行实践。在学好 VB.NET 的基础上,进一步触类旁通地学习其他编程语言,并与课程设计、学科竞赛、毕业设计进行良好结合。

## 1.2　计算机辅助设计技术简介

在人类社会生产发展的历史长河中,蒸汽机和电机的应用延伸了人的体力劳动,催生了工业革命;而以计算机技术为核心的信息技术的应用则延伸了人的脑力劳动,导致了一次新的工业革命,使人类社会迈进了信息时代。

CAD/CAM(Computer Aided Design and Manufacturing,CAD/CAM)是一项能使机械产品设计、制造模式发生深刻变化的高新应用技术,是实施制造信息化工程的基础和关键。本书通过对基础程序设计的学习,在掌握一门基本的程序设计语言基础上,使学习者可以进一步学习其他编程语言、编程软件。在此基础上,对于机械工程专业学生,可以从点到面,由浅入深地围绕机械产品的设计制造,掌握 CAD/CAM 技术基本概念、产品数字化制造技术、产品数字化分析与仿真技术、CAD 应用系统开发方法、数字化工艺设计技术、CAM 技术、PDM 技术、现代产品快速开发技术、网络化协同开发技术以及数字化企业等方面的基础理论与技术方法,实现计算机编程从理论到实践应用的转变。本书作为机械工程学科专业本科生的计算机编程教材,也可作为 CAD/CAM 系统研究、二次开发与应用人员的参考书。

在机械制造业的发展变革过程中,实施制造业信息化工程,将信息技术用于机械产品设计、制造、管理和服务的全过程,是构建现代数字化企业,提高企业的产品创新能力、市场应变能力和全球竞争能力的有力保证。而计算机辅助设计与制造是制造业信息化工程实施中的关键支撑技术和不可缺少的信息化软件支撑系统。

CAD/CAM 技术是计算机科学和数字化信息技术在工程设计、机械制造等领域中较有影响的一项高新应用技术,CAD/CAM 系统的发展和应用使传统的产品设计方法与生产模式发生了深刻变化,对制造业的生产模式和人才知识结构等产生了较大影响,并由此奠定了制造业信息化工程的基础。经过几十年的发展和应用,不仅 CAD/CAM 本身已形成规模庞大的产业,而且还为制造业带来了巨大的社会效益和经济效益。目前 CAD/CAM 技术被广泛应用于机械、电子、汽车、模具、航空航天、交通运输、工程建筑等各个领域,它的研究与应用水平已成为衡量一个国家技术发展水平、工业现代化的重要标志之一。

CAD 系统是应用现代计算机技术,以产品信息建模为基础,以计算机图形处理为手段,以工程数据库为核心,对产品进行定义、描述和结构设计,用工程计算方法进行性能分析和仿真等设计活动的信息处理系统。人们通常将 CAD 功能归纳为几何模型、分析计算、动态仿真和自动绘图四个方面,因而需要计算分析方法库、图形库、工程数据库等设计资源的支持。

CAE 是以计算机强大的数字计算功能进行产品性能分析计算的学科,是产品设计过程中的重要环节。人们通常将 CAE 归入广义的 CAD 功能中,作为实现产品性能分析与优化设计的主要支持模块。

数字化设计制造技术的推广应用带动了一批企业的技术改造和技术创新,CAD/CAM 技术必将成为产品设计制造工作中不可缺少的工具。学会掌握它的技术原理及其相应软件系统的应用方法,并与专业知识结合以解决所面临的工程技术问题,对于 21 世纪的工程技术人员来说是十分重要的。目前 CAD/CAM 技术的发展方向是集成化、智能化、数字化、虚拟化与网络化。以 Internet 网络技术为特征的新一代企业信息化体系正在引导着 CAD/CAM 技术的应用和发展,CAD/CAM 的理论研究与应用开发成果日新月异。因此,通过学习计算机编程语言,掌握计算机软件的使用,掌握计算机编程原理、算法,进一步上升到应用层面,从而系统地掌握 CAD/CAM 技术原理与应用方法,满足当前 CAD/CAM 技术研究、教学和推广应用的实践需要,培养机械工程学科理论与实践的融合,是作者编写本书的基本目的。

本书编写的指导思想是以 Visual Basic.NET 编程语言为基础,以机械工程应用为背景,以新技术、新方法为重点,论述 Visual Basic.NET 的基本原理、关键算法和编程方法,力求做到以下几点:第一,实施问题驱动的编写策略,每章以引例提出概念,抛砖引玉,引起读者的学习兴趣和思考。第二,对编程语言的原理和算法进行系统详尽的讲解,通过理论与实践相结合的案例讲解,阐述 Visual Basic.NET 的编程特点。第三,理论联系实际,力求给出解决具体工程问题的体系结构、技术方法和应用实例,以对读者的学习、实践产生指导意义和帮助作用。

## 1.3 工程专业学生学习计算机程序设计技术的作用和意义

制造业作为全球经济竞争的制高点,受到了各国的高度重视。数据显示,互联网技术成为制造业人才需求的新增长点,这一现象恰恰反映出当前制造业与新一代的信息技术深度融合对人才需求产生的影响。

虽然从行业总体发展趋势上看,制造相关行业人才需求呈现萎缩,但一些工作岗位的用工需求却在"逆势增长",比如"互联网开发及应用"和"生产/运营",它们成为制造业人才需求占比增长最多的职业。具体来看,2019 届毕业生在从事制造相关行业的本科毕业生中,从业于"互联网开发及应用"职业类的比例比 2015 届增长 0.8%;从业于"生产/运营"职业类的比例比 2015 届增长 0.8%。值得注意的是,对在制造业工作的工学本科生来说,计算机编程能力是较为重要的一项职业技能。

在人工智能时代，对所有学科的学生来说，掌握至少一门编程语言是尤其重要的，而对于计算机的"近亲"学科，工科学生在平时的专业课程学习过程中，会看到绝大多数专业课程都会或多或少地与计算机相关，有需要了解基本的设备 CAD/CAM 界面的，有需要运用软件进行计算机仿真模拟的，从而会发现在整个本科学习的过程中，已学习了计算机专业的很多核心课程。而且，现在很多工科非计算机专业都开设了以上列举的许多课程，随着计算机在工程上的应用日益广泛，工科学生所要用的知识还有许多，由于工科学生在学习计算机知识后，需要进行进一步的与计算机相关领域的应用与实践，因此存在非计算机专业的学生所学的计算机知识比计算机专业学生还要深入的现象。20 世纪 90 年代后期，CAD/CAM 系统的集成化、网络化、智能化以及企业应用的深入发展，促使企业从发展战略的高度来思考企业级的信息化系统建设和构建数字化企业的技术问题，从而使得企业迈进了实施现代集成制造、制造业信息化工程的新阶段。

在这一系列背景下，对于机械工程专业学生来说，不能仅仅满足于一门计算机编程语言的学习，而应在学好一门编程语言的基础上，自学多门与自身学科相关的编程语言，将这些语言运用在实际的课程设计、学科竞赛、毕业设计中，并在未来的工作和研究中进行深入的实践。

## 1.4 如何学好计算机程序设计

①着眼于培养能力。语言程序设计并不是一门纯理论的课程，而是一门应用的课程。应当注意培养分析问题的能力、构造算法的能力、编程的能力和调试程序的能力。

②把重点放在解题思路上，通过大量的例题学习怎样设计一个算法，构造一个程序，初学时更不要在语法细节上死记硬背。一开始就要学会看懂程序，编写简单的程序，然后逐步深入。语法细节是需要通过长期的实践才能熟练掌握。初学者切忌眼高手低，需要理论结合实际，不断地进行思考和练习。

③掌握基本要求，打好基础。在学校学习阶段，主要学习程序设计的方法，进行程序设计的基本训练，为将来进一步的学习和应用打下基础。不可能通过短短几十个小时的学习，由一名门外汉变为编程高手，编写出大型而实用的程序，要求应当实事求是。如果学时有限，有些较深入的内容可以选学或自学，把精力放在基本且常用的内容上，重点练好基本功。

④重视实践环节。光靠听课和看书是学不会程序设计的，学习本课程既要掌握概念，又必须动手编程，并且要亲自上机调试运行。使用者一定要重视实践环节，包括编程和上机。做到既会编写程序，又会调试程序。学得好与坏，不是看你"知不知道"，而是"会不会干"。考核方法应当是编写程序和调试程序，而不应该只采用判断题和选择题。

⑤举一反三。学习程序设计，主要是掌握程序设计的思路和方法。学会使用一种计算机语言编程，在需要时改用另一种语言应当不会太困难。不能设想今后一辈子只使用在学校里学过的某一种语言。但是，无论用哪一种语言进行程序设计，其基本规律都是一样的。在学

习时一定要学活用活,举一反三,掌握规律,在以后需要时能很快地掌握其他新的语言进行编程。

⑥提倡和培养创新精神。教师和学生都不应当局限于教材中的内容,应该启发学生的学习兴趣和创新意识。能够在教材程序的基础上,思考更多的问题,编写难度更大的程序。在本书每章的习题中有一些难度较大的题目,建议学生尽量选做,学会自我拓展,提高能力。

⑦如果对学生有较高的程序设计要求,应当在学习本课程后,安排一次集中的课程设计环节,要求学生独立完成一个有一定规模的程序。

# 第**2**章
# 程序设计工具

## 2.1 Visual Basic.NET 集成开发环境及其特性

Visual Basic.NET(简称 VB.NET)是当今流行的软件开发工具之一,它强劲的功能大大加速了程序员的开发工作进度,提高了完成程序代码的效率。与 Visual Basic 6.0 相比,Visual Basic.NET 具有以下新特性。

**1)完全面向对象**

Visual Basic.NET 是一种完全的面向对象的编程语言。Visual Basic.NET 支持许多新型面向对象。

语言的特性,例如继承、重载、重载关键字、接口、共享成员和构造函数。

**2)结构化异常处理**

Visual Basic 支持使用 Try_Catch_Finally 的增强版本进行结构化异常处理,使得程序更加稳固而不会轻易崩溃。

**3)增加新的数据类型**

Visual Basic.NET 中引入了 Char（无符号 16 位整数）、Short（有符号 16 位整数）等新的数据类型。

**4)引入新的概念**

在 Visual Basic.NET 中使用了引入、名称空间、部件、标志等新概念。

**5)自由线程处理**

Visual Basic.NET 中可以编写独立执行多个任务的应用程序。自由线程处理使得应用程序对用户输入的响应更加灵敏。

**6)Visual Basic.NET 中的语言更新**

在 Visual Basic.NET 中主要修改了与其他主流编程语言间的差别,以提供更完备的语言互用性、代码可读性与可靠性,以及与.NET 框架的无缝兼容性。

**7)采用新的 IDE 开发环境**

Visual Basic.NET 采用与 VC++.NET、VC#.NET 相同的集成开发环境。

上述新特性使 Visual Basic.NET 更加适应现代计算机网络化、运行速度快及加强数据传输的趋势,成为软件开发的首选工具。

Visual Basic. NET 与使用相同的用户界面,即 Visual Studio. NET 的集成开发环境(Integrated Development Environment,IDE)。使用同一个 IDE,为开发者提供了很大的方便。Visual Studio 具有包括源码创建、资源编辑、编译、链接和调试等在内的许多功能。

## 2.2　Visual Basic.NET 2017 集成开发环境

VB.NET 是基于微软.NET Framework 之上的面向对象的编程语言。其在调试时是以解释型语言方式运作,而输出为 EXE 程序时是以编译型语言方式运作。可以看作是 VB 在.Net Framework 平台上的升级版本,增强了对面向对象的支持。面向对象是 VB 和 VB.NET 最根本的区别,VB.NET 是完全面向对象的编程语句,具有抽象、封装、多态、继承、重载、接口共享成员构造器这些特性,而 VB 6.0 则无法实现以上特性。

VB.NET 有两种新的窗体方式——Windows 窗体和 Web 窗体。VB.NET 允许创建不同类型的应用程序,例如,可以创建 ASP.NET 和 ASP.NET Web 服务应用程序,还可以创建控制台应用程序和作为桌面服务运行的应用程序。而与此不同的 VB,只能创建 Windows 窗体。同时,在访问数据库上,两者也有比较大的区别。

### 2.2.1　Visual Studio 2017 介绍

Visual Studio 是微软公司推出的开发环境,是最流行的 Windows 平台应用程序开发环境。Visual Studio 2017(VS 2017)版本于 2017 年上市,恰逢 Visual Studio 诞生 20 周年。其集成开发环境(IDE)的界面被重新设计和组织,变得更加简单明了。Visual Studio 2017 同时带来了 NET Framework 4.0、Microsoft Visual Studio 2017 CTP(Community Technology Preview,CTP),并且支持开发面向 Windows10 的应用程序。除了支持 Microsoft SQL Server,它还支持 IBM DB2 和 Oracle 数据库。Visual Studio 可以用来创建 Windows 平台下的 Windows 应用程序和网络应用程序,也可以用来创建网络服务、智能设备应用程序和 Office 插件。

和之前的版本相比,VS 2017 新功能主要包括:

(1)导航增强

VS 2017 极大地改善了代码导航,并对结果进行着色,提供自定义分组、排序、过滤和搜索。强大的 Go to All(Ctrl+T 或 Ctrl+,),能对解决方案中的任何文件、类型、成员或符号声明的快速、完整搜索。

(2)无须解决方案加载文件

VS 2017 可以直接打开并处理 C#、C++、Ruby、Go 等一系列语言的任何文件。

(3)智能过滤

IntelliSense 现在提供过滤器,帮助得到所需要的,而不必涉足过多的步骤。

(4)语言改进

添加了新的 C#语言重构命令,帮助将代码以最新标准现代化。新的风格分析器和对 EditorConfig 的支持能够协调整个团队的编码标准。

### 2.2.2 VB.NET 使用方法及主要环境介绍

**1）通用集成开发环境工具**

如图 2-1 所示，安装好 Visual Studio.Net 系列，直接在 Windows 开始菜单栏单击"Microsoft Visual Studio 2017"，VS 系列有多个版本，可以根据个人喜好及资源进行不同版本的选择。接下来，开启我们的 VS 之旅吧，图 2-2 所示为点击 VS 之后的初始界面。

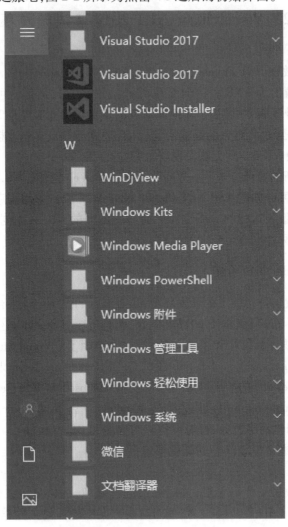

图 2-1　Windows 选择开启 VS2017

进入 VB.NET 之后，需要进入"文件"选项，如图 2-3 所示，选择点击"新建项目"按钮。

然后进入"Microsoft Visual Studio 2017"IDE 界面，如图 2-4 所示，可以看到页面中间会弹出一系列选项，对于应用 VB.NET，一般选择第一个，即"Windows 窗体应用程序"进行接下来的程序编译。

Visual Basic 项目应用程序模板说明如下。

● Windows 应用程序——用于创建 Windows 窗体应用程序。

图 2-2　VS2017 初始界面

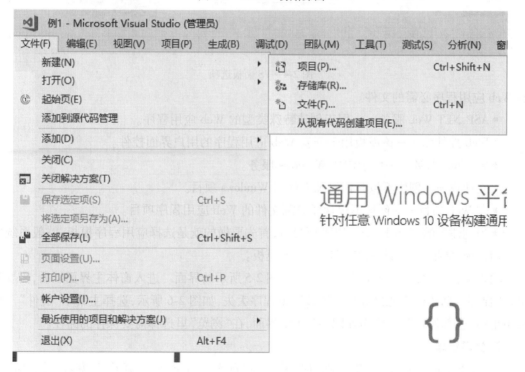

图 2-3　新建 VB.NET 项目

● 类库——创建包含 Visual Basic 类的项目。

● Windows 控件库——该模板所创建的项目可以用于开发 Windows 应用程序的用户界面。

● 控件——这些控件同样具有可重用性。

● ASP.NET Web 应用程序——用于创建 ASP.NET 项目,创建的新项目将包含一些简单

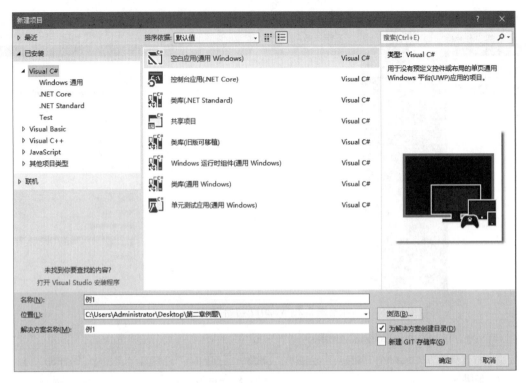

图 2-4　VS 面板选项

的 Web 应用程序必需的文件。

- ASP.NET Web 服务——用于创建特殊类型的 Web 应用程序。
- Web 控件库——该模板用于开发 Web 应用程序的用户界面控件。
- Windows 服务——用于创建 Windows 服务。
- 空项目——创建不包含任何源文件的 Windows 项目。
- 空 Web 项目——创建不包含任何源文件的 Web 应用程序项目。
- 当创建新的 Visual Basic.NET 项目时，首先要做的就是选择应用程序模板，一般系统默认空白模板，如果需要可以搜索已经安装的模板。

输入项目名称，点击确定按钮后进入如图 2-5 所示的界面。进入窗体主界面以后，需要先进行"保存"，防止因为死机等故障导致所编程序丢失，如图 2-6 所示，选择主菜单"文件"下拉菜单里的"全部保存"，会弹出如图 2-7 所示界面，在"浏览"里选择需要保存的路径。

### 2) 窗口管理

Visual Studio 2017 对窗口管理的改进，使得屏幕一次能够打开许多窗口。图 2-8 为 Visual Studio 2017 中的窗口布局，其中包括集成开发环境中的主要窗口。

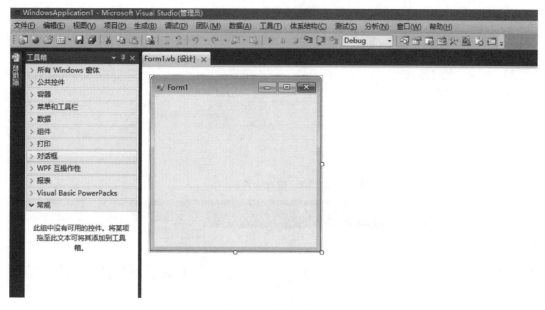

图 2-5　窗体主界面

图 2-6　保存窗体

图 2-7　保存文件界面

图 2-8　VB.NET 窗口布局

### 2.2.3　主窗口

**1) 标题栏**

VB.NET 有 3 种工作模式:设计模式、运行模式、调试模式。

①设计模式:可进行用户界面的设计和代码的编制,来完成应用程序的开发。

②运行模式:应用程序运行时,在标题栏中显示"(正在运行)",这时不可编辑代码,也不可编辑界面。

③调试模式:应用程序出现错误时自动进入调试模式,在标题栏中显示"(正在调试)",这时可编辑代码、检查数据。

(1)设计状态

如图 2-9 所示,在设计状态下可以进行项目的界面设计和代码设计。进入设计状态常用的两种方法如下所述。

图 2-9　设计状态界面

①新建项目。启动 VB.NET,系统进入设计状态,标题栏显示起始页。选择菜单栏的"文件"的"新建"子菜单的"项目",显示"新建项目"对话框。在"新建项目"对话框中的"项目类型"列表框中选择"Visual Basic 项目",在"模板"栏中选择"Windows 应用程序",然后依次填写项目名称和位置,单击"确定"按钮。

②打开一个已建立的项目。选择菜单栏的"文件"的"打开"子菜单的"文件",选择"打开文件",选择所要打开文件的路径。

(2)运行状态

完成项目的界面设计和代码设计后,选择"调试"菜单的"启动"项,系统进入运行状态。如图 2-10 所示。在此状态下运行项目,显示运行结果。单击"停止调试"按钮即可,返回设计状态。

图 2-10　运行状态界面

(3)中断状态

中断程序运行状态如图 2-11 所示。单击"停止调试"按钮,即可返回设计状态。

图 2-11　调试状态界面

**2)菜单栏**

VB.NET 菜单栏中包括"文件""编辑""视图""项目""生成""调试""工具""窗口"等菜单项,如图 2-12 所示。

图 2-12　菜单栏

菜单各项的主要功能说明如下。

(1)"文件"菜单

"文件"菜单用于新建、打开、保存、显示最近的项目。例如,选择"新建"子菜单项可以建立新项目或新文件;选择"打开"子菜单项将分别打开本地或网络中的项目和文件;选择"全部保存"子菜单将保存当前打开的所有文件等。

（2）"编辑"菜单

"编辑"菜单用于程序源代码编辑。"编辑"菜单可以剪切、复制、粘贴、选择、查找和替换文字等。

（3）"视图"菜单

"视图"菜单可以打开各种窗格供用户使用。例如，选择"解决方案资源管理器"子菜单将打开"解决方案资源管理器"窗格；选择"类视图"子菜单打开"类视图"窗格；选择"属性"子菜单将打开"属性"窗格；选择"工具箱"子菜单将打开"工具箱"窗格等。

（4）"项目"菜单

"项目"菜单用于添加控件、模块和窗体等对象。主要子菜单命令有："添加 Windows 窗体""添加继承的窗体""添加控件""添加组件""添加模块""设为启动项目"等。

（5）"生成"菜单

"生成"菜单用于编译和链接所有在工程中修改过的文件，并在输出窗口中显示警告信息和错误信息；重新编译当前项目。

（6）"调试"菜单

"调试"菜单用于编译并运行当前工程，显示当前系统中存在的进程，异常处理，跟踪程序的运行，逐语句调试，在程序中设置新断点或清除程序中的所有断点等。

（7）"工具"菜单

"工具"菜单用于扩展工具。例如，选择"调试进程"子菜单项，可以显示进程对话框；选择"自定义工具箱"子菜单，可以显示自定义工具箱窗口等。

（8）"窗口"菜单

"窗口"菜单用于窗口操作。例如，选择"新建窗口"子菜单，将打开与当前窗口包含相同文档的另一个窗口，并使其成为当前窗口；选择"拆分"子菜单，将窗口拆分为多个窗格，以便同时查看同一文档的不同部分。该菜单还可以隐藏当前活动窗口、允许/禁止当前活动窗口的浮动特征等。

**3）工具栏**

工具栏位于菜单栏的下方，以图标方式提供常用的工具。工具栏中常用的图标按钮如图 2-13 所示。其主要提供一些快捷按钮方便程序运行或调试。

图 2-13　工具栏

### 2.2.4　窗口主要功能区介绍

**1）开始窗口**

"起始页"窗口中左侧各选项说明如下。

● "开始"：显示最近打开过的项目名，并列出最近的修改日期。单击项目名称，即可打开该项目。单击"打开项目"按钮，将显示"打开项目"对话框，以打开现存项目；单击"新建项目"按钮，将显示"新建项目"对话框，可以创建新项目。

● "新增功能"：显示有关 Visual Studio.NET 的最新更新及其相关信息网页。

● "网上社区"：显示为 Visual Studio.NET 开发人员选择的新闻组和 Web 站点。

- "标题新闻"：显示从 Visual Studio.NET 开发人员网络 Web 站点得到的信息。
- "联机搜索"：提供在线搜索 MSDN 数据库的功能。
- "下载"：提供一些链接可下载与开发相关的内容或代码示例。
- XML Web services：搜索当前项目中使用的 XML Web services。
- "Web 宿主"：提供有关 Web 宿主选项信息。

2）设计器窗口

设计器窗口用于进行项目的界面设计，图 2-14 是一个只有一个窗体 Form1。在该界面上，可以放置从打开的工具箱窗口中选择的控件对象。放置从打开的工具箱窗口中选择的控件对象的过程就是项目界面设计的过程。

图 2-14　窗体界面

通常，打开设计器窗口有下面两种方法。

①选择"视图"菜单的"设计器"选项可以打开设计器窗口，如图 2-15 所示。

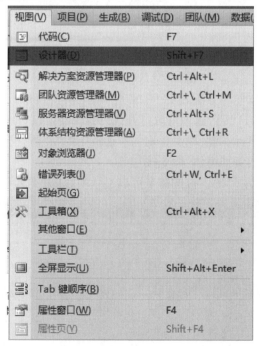

图 2-15　视图窗口打开方式

②选择选项卡 Form1.vb［设计］选项,如图 2-16 所示。

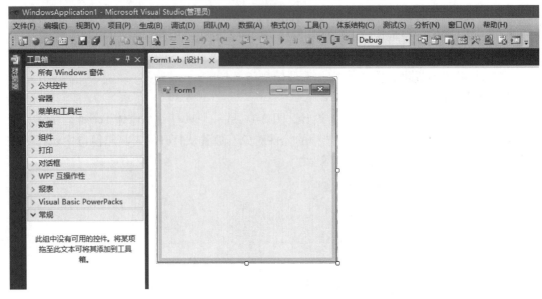

图 2-16　Form 设计窗口打开方式

**3) 代码编辑器窗口**

开发应用程序的源代码的编辑工作都是在代码编辑器窗口中进行的。代码编辑器窗口如图 2-17 所示。

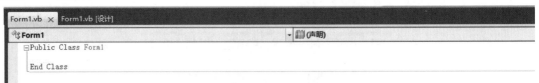

图 2-17　代码编辑器窗口

通常,代码编辑器窗口使用方法如下。

①选择"视图"菜单的"代码"选项可以打开代码编辑器窗口。

②选择选项卡,点击鼠标右键,单击弹出的对话框中的"查看代码"。

③双击窗体上的对象,例如窗体、命令按钮等。

单击代码编辑器窗口左侧的下拉按钮▼可以显示项目的"类名",如图 2-18 所示。

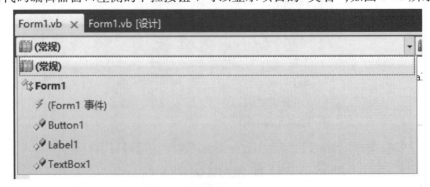

图 2-18　显示项目的"类名"

单击代码编辑器窗口右侧的下拉按钮▼可以显示类的"方法名称",如图 2-19 所示。

图 2-19　显示类的"方法名称"

4)"属性"窗格

使用"属性"窗格可以使用户在设计时查看和修改编辑器和设计器中所选对象的属性。窗体对象的"属性"窗格如图 2-20 所示。在界面设计时,选择不同的控件对象将显示相应的"属性"窗格,如图 2-21 所示的是文本框控件的属性;图 2-22 是按钮控件的属性;图 2-23 是标签控件的属性。

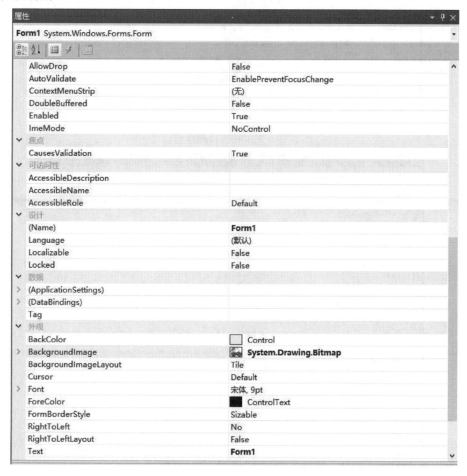

图 2-20　窗体属性窗口

图 2-21　文本框控件属性窗口

图 2-22　按钮控件属性窗口

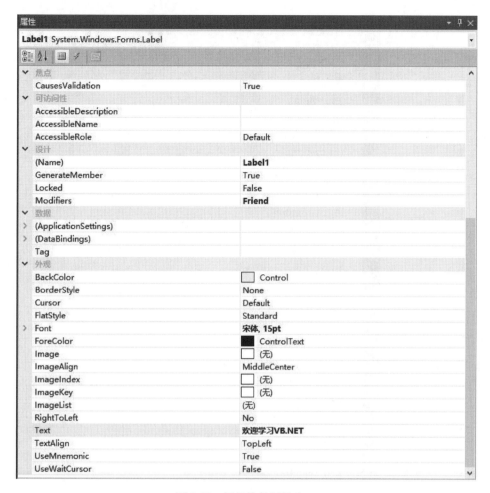

图 2-23　标签控件属性窗口

选择"属性"窗格工具栏的图标按钮,属性将按分类列表;选择"属性"窗格工具栏的图标

按钮,属性将按字母顺序列表。

打开"属性"窗格通常使用下面两种方法。

①选择"视图"菜单的"属性窗口"选项。

②在项目界面设计时,用鼠标右击"对象",在弹出的快捷菜单中选择"属性"选项。

**5)"工具箱"窗格**

选择"视图"菜单的"工具箱"选项可以打开"工具箱"窗格。"工具箱"窗格中一般包括"数据""组件""Windows 窗体""剪贴板循环"和"常规"5 个选项卡。其他选项卡例如"Web 窗体"和 HTML 选项卡则在建立 Web 项目时出现。例如,当编辑 HTML 文档时,将显示 HTML 选项卡。不同选项卡下的控件列表不同。图 2-24 所示为工具箱窗口。

**6)"解决方案资源管理器"窗格**

Visual Studio.NET 中引入了解决方案资源管理器,以管理和监控方案中的项目。项目就是 Visual Studio.NET 应用程序的构造块。选择"视图"菜单的"解决方案资源管理器"选项,可以打开项目的"解决方案资源管理器"窗格,如图 2-25 所示。

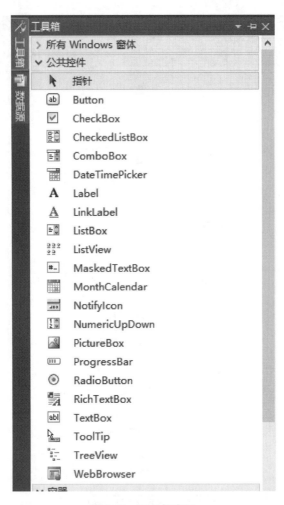

图 2-24　工具箱窗口

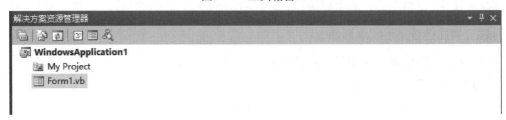

图 2-25　解决方案资源管理器窗口

　　一个解决方案中可以包含多个项目,它使用户能够方便地组织需要开发和设计的项目及文件,以及配置应用程序或组件。解决方案资源管理器中显示方案及其中项目的层次结构。方案中包含项目及项目中的条目,此外还包含两种可选文件,即共享方案条目文件和杂项文件。如图 2-25 所示,双击"解决方案资源管理器"窗格内的"Form1.vb"即可以进入设计器。

## 2.3　一个简单的 Visual Basic.NET 程序

程序设计是一项逻辑性非常强的工作,在程序设计的过程中,主要按照一定的步骤进行程序的编写和编译。程序设计的基本流程主要包括下述几个步骤。

(1)分析问题

对于接受的任务要进行认真的分析,研究给定的条件,分析最后应达到的目标,找出解决问题的规律,选择解题的方法,完成实际问题。

(2)设计算法

设计算法即设计出解题的方法和具体步骤。

(3)编写程序

将算法翻译成计算机程序设计语言,对源程序进行编辑、编译和连接。

(4)运行程序,分析结果

运行可执行程序,得到运行结果。能得到运行结果并不意味着程序正确,要对结果进行分析,看它是否合理。不合理的话要对程序进行调试,即通过上机发现和排除程序中的故障。

(5)编写程序文档

许多程序是提供给别人使用的,如同正式的产品应当提供产品说明书一样,正式提供给用户使用的程序,必须向用户提供程序说明书。内容应包括程序名称、程序功能、运行环境、程序的装入和启动、需要输入的数据,以及使用注意事项等。

在 Visual Studio.NET 中创建一个 Windows 应用程序项目的步骤如下。

打开 Visual Studio.NET。在"起始页"中,单击"新建项目"按钮;或选择"文件"菜单的"新建"选项,再选择该子菜单中的"项目"选项,打开"新建项目"对话框,如图 2-26 所示。在"新建项目"对话框中的"项目类型"列表框中选择"Visual Basic 项目",在"模板"框中选择"Windows 应用程序",然后选择"确定"进入主界面,开始编写程序。

图 2-26　选择"Windows 窗体应用程序"

VB.NET 的编程过程与 VB 6.0 的步骤比较相似,是面向对象的程序设计方法,需要设计窗体,选用控件,设计程序。接下来,通过一个实例来演示完整的可视化程序设计的过程。本实例需要设计一个"欢迎来到 VB.NET 世界"的基本程序界面。

进入主界面以后,首先逐一选择设计窗体所需要的控件,如图 2-27 所示,需要选择"Button""Label""Textbox"3 个控件进行界面的设计。用法是直接将鼠标选中所需要的控件,按住鼠标左键,拖曳至窗体"Form1"上面,根据设计者的思路进行布局调整。

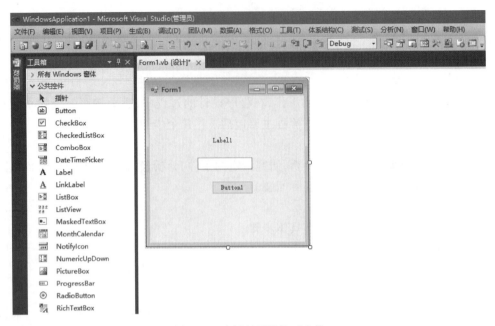

图 2-27 选择所需控件至窗体

选好控件后,逐一对每一个控件进行属性的编辑,首先编辑"Label1",如图 2-28 所示,直接在属性窗口将文本"Text"属性更改成"欢迎学习 VB.NET"。

| ImageKey | ☐ (无) |
| ImageList | (无) |
| RightToLeft | No |
| Text | 欢迎学习**VB.NET** |
| TextAlign | TopLeft |
| UseMnemonic | True |
| UseWaitCursor | False |

图 2-28 更改标签控件文本属性

接下来编辑"Textbox1",如图 2-29 所示,直接在属性窗口将文本"Text"属性更改成"欢迎来到 VB.NET 世界",同时,可以根据需要,修改字体"Font"属性,根据需要进行字体大小和类型的选择。同理,修改按钮的文本属性为"显示"。

| 外观 | |
| BackColor | ☐ Window |
| BorderStyle | Fixed3D |
| Cursor | IBeam |
| Font | **宋体, 20.25pt** |
| ForeColor | ■ WindowText |
| Lines | **String[] Array** |
| RightToLeft | No |
| ScrollBars | None |
| Text | **欢迎来到VB.NET世界** |
| TextAlign | Left |
| UseWaitCursor | False |

图 2-29 更改 Textbox 控件文本属性

最后,编辑窗体,可以根据需要选择背景图案,可以从本地盘选择图片,如图 2-30 所示。

| 外观 | |
|---|---|
| BackColor | ☐ Control |
| BackgroundImage | 🖼 **System.Drawing.Bitmap** |
| BackgroundImageLayout | Tile |
| Cursor | Default |
| Font | 宋体, 9pt |
| ForeColor | ■ ControlText |
| FormBorderStyle | Sizable |
| RightToLeft | No |
| RightToLeftLayout | False |
| Text | **Form1** |
| UseWaitCursor | False |

图 2-30　添加窗体背景画布

设计好的窗体及控件部分如图 2-31 所示,接下来可以进行过程的程序编写。

图 2-31　添加窗体背景画布

双击窗体"Form1",打开代码编辑器窗口,如图 2-32 所示。此时,窗口上部左侧为类名选择框。右侧为"Load"下拉菜单,如图 2-33 所示。

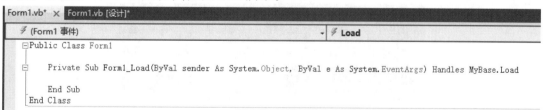

图 2-32　过程编译窗口

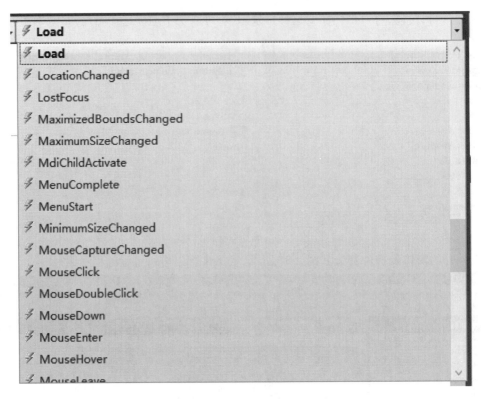

图 2-33  Load 下拉窗口

编写 Click 事件过程代码。一般情况下,编写过程由需要对程序运行过程中需要触发的控件进行过程编写。此例最终想实现的是在点击按钮后,文本框由"欢迎来到 VB.NET 世界"变成"Welcome to VB.NET!"。需要双击按钮控件,进入过程编译窗口,如图 2-34 所示。在过程框内,添加 TextBox1.Text = "Welcome to VB.NET!"编程语句。

```vbnet
Public Class Form1
    Private Sub Button1_Click(ByVal sender As System.Object, ByVal e As System.EventArgs) Handles Button1.Click
        TextBox1.Text = "Welcome to VB.NET!"
    End Sub
End Class
```

图 2-34  过程窗口

程序编写好之后,如图 2-35 所示,点击"启动调试"按钮,运行程序。弹出 Form1 界面,点击"显示"按钮后,显示如图 2-36 所示,文本框变成"Welcome to VB.NET!"。

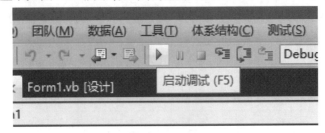

图 2-35  运行程序

图 2-36　程序运行界面

## 思考题

1.简述 IDE 的概念。

2.简要介绍 VB.NET 的工作模式。

3.简述 VB.NET 主要功能特点。你喜欢哪个？说明原因。

4.在 Visual Basic 中建立一个空窗体,其默认名是什么？

5.窗体的 load 事件是用来实现什么功能的？

6.若要禁止窗体被移动,应该怎样设置窗体属性？

7.如何使各窗口显示或不显示？

8.在 Visual Basic 中最基本的对象是？

9.VB.NET 有多种类型的窗口,若要在设计时看到代码窗口,应怎样操作？

10.要在 Visual Basic 工程中添加一个新的窗体,应该怎样操作？

11.你掌握了创建一个应用程序的基本步骤和方法了吗？自己做个小程序试试吧！

# 第 **3** 章
## 程序界面设计基础

本章对 VB.NET 程序界面设计所涉及的主要控件进行逐一介绍,如窗体、标签控件、按钮控件、文本控件等系列控件的属性和方法,每个控件都通过具体的案例进行详细的讲解。

## 3.1 引例及分析

[**例 3.1**] Label 跟随鼠标移动,程序设计和运行界面如图 3-1、图 3-2 所示,要求如下:
①Label 控件能跟随鼠标移动。
②当鼠标移动到窗口内时,Label 内容变为"移动"。

图 3-1 程序设计界面

图 3-2 程序运行界面

程序代码:
```
Public Class F2
    Private Sub F2_MouseMove(ByVal sender As Object, ByVal e As
System.Windows.Forms.MouseEventArgs) Handles Me.MouseMove
        Label1.Text = "移动"                        '文本变更
        Label1.Location = New Point(e.X, e.Y)       ' Label 位置坐标不断更新为鼠标所指坐标
```

　　　　End Sub

　End Class

　　通过上例的动画设计，可以大致了解 VB.NET 编程主要包括界面设计和程序过程编写两个部分，一个是界面的设计，控件的选用，属性的设置。另一个是过程代码的编写。而属性既可以在界面进行静态设置，也可以在过程中实现动态设置。接下来，主要介绍 VB.NET 涉及的主要控件的概念及其用法。

## 3.2　控件的基本属性

　　每个控件的外观由一系列属性来决定。例如控件的大小、颜色、位置、名称等，不同的控件既有不同的属性，也有相同的属性。基本属性表示大部分控件具有的属性。系统为每个属性提供了默认的属性值。在属性窗口可以看到所选对象的属性设置。属性设置有两种方式：

- 静态设置方式，即在设计时通过属性窗口设置。
- 动态设置方式，即在代码设计窗口中通过代码来设置。

　　在 VB.NET 中，属性的类型有：基本数据类型、枚举类型、结构和类等。因此对不同的类型，通过代码设置时的表示方式不同来设置；对于结构和类型，在代码设置时，不能直接赋值，先用关键字 New 创建一个实例，然后再赋值。

　　这里，将对最常见的基本属性进行介绍，其他属性读者可以根据需要进行实践和了解。

　　①Name：是所有对象都具有的属性，是所创建的对象名称。所有的控件在创建时由 VB.NET 自动提供一个默认名称，例如 TextBox1、TextBox2、Button1 等，也可根据需要更改对象名称。在应用程序中，Name 作为对象的标识在程序中被引用，不会显示在窗体上。

　　②Text：在窗体上显示的文本。在 VB.NET 中，TextBox、Button、Label 等大多数控件都有 Text（文本）属性。TextBox 控件用于获取用户的输入或显示文本，其他控件用 Text 属性设置其在窗体上显示的文本。

　　③Size、Location：控件布局属性。在 VB.NET 中布局由属性 Size、Location 结构来实现，它们各由一对整数来表示，整数单位为像素。其中：

- Location：控件的位置，也可用 Left 和 Top 两个属性来表示，分别表示控件左上角到窗体左边框、顶部的距离。对于窗体来说是表示窗体左上角到屏幕左边框、顶部的距离。
- Size 控件大小，也可用 Width 和 Height 两个属性来分别表示控件的宽度和高度。

　　④Font：设置文本的字体、大小等系列属性。一般通过 Font 属性对话框设置，若在程序代码中需要改变文本的外观，则应通过 New 创建 Font 对象来改变字体，例如：

Button1.Font ＝ New Font（"Arial"，12）

Button1.Width ＝ 90

Button1.Height ＝ 40

　　⑤ForeColor、BackColor：颜色属性。ForeColor 用来设置或返回控件的前景（即正文）颜色、BackColor 用来设置或返回控件的正文以外的显示区域的颜色。它们均是枚举类型。用户可以在调色板中直接选择所需颜色。

　　⑥Enabled、Visible：决定控件的有效性、可见性，它们均是逻辑类型。

Enabled：当值为 True 时，允许用户进行操作；反之则禁止用户进行操作，呈灰色。

Visible：当值为 False 时，程序运行时控件不可见，但控件本身存在；反之则可见。

⑦TabIndex：决定了按 Tab 键时焦点在各个控件移动的顺序。焦点（Focus）是接受用户键盘或鼠标的能力，窗体上有多个控件，运行时焦点只有一个。当建立控件时，系统按先后顺序自动给出每个控件的顺序号。

### 3.2.1　窗体

用 VB.NET 创建一个应用程序的第一步就是创建用户界面。窗体是一块"画布"，是所有控件的容器，用户可以根据自己的需要利用工具箱上的控件在"画布"上画界面。

窗体与其他控件的不同之处是：其他控件对象一般是在设计状态直接通过工具箱的控件类图标来创建，控件对象系统提供了"TextBox1、Button1"之类的默认名；在设计阶段所创建的窗体是一个类（Form 实质是一个类名），在运行阶段，用户看到的窗口是一个窗体对象，VB.NET自动将第一个窗体类实例化。故当前窗体对象名以"Me"来表示，而不能用"Form1"表示（只有在事件过程中的窗体名用 Form1 表示）。

#### 1）主要属性

窗体属性决定了窗体的外观和操作，如图 3-3 所示。大部分窗体属性既可以通过属性窗口设置，也可以在程序中设置，而有少量属性只能在设计状态设置，或只能在窗体运行期间设置。

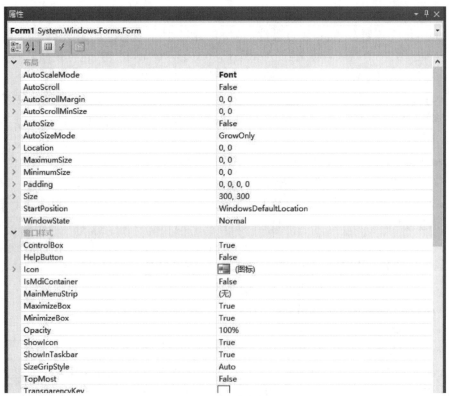

图 3-3　Form 属性窗口

①MaximizeBox、MinimizeBox：最大化、最小化按钮属性。其值分别为 True，窗体右上角有最大化、最小化按钮；值若为 False，则隐去最大化、最小化按钮。

②Icon、ControlBox：设置窗体图标、控制菜单框。

在属性窗口中可以单击 Icon 设置框右边的"…"（省略号），打开一个"加载图标"对话框，用户可以选择一个图标文件载入，当窗体最小化时以该图标显示；否则以 VB.NET 默认的图标显示。

③Controffiox 属性为 True 时，表示窗体左上角有控制菜单框；属性值为 False 时，则无控制菜单框，这时系统将 MaximizeBox、MinimizeBox、Icon 等属性自动隐去。

④BackgroundImage：以平铺方式设置窗体背景图案。在"属性"窗口中可以单击该属性右边的"…"（省略号），打开一个"选择资源"对话框，用户可以导入一个图形文件。

⑤FormBorderStyle：此属性决定窗体的边框类型，以决定窗体的标题栏状态与可缩放性，其属性值为枚举类型，枚举名为 FormBorderStyle。

若在运行时改变边框样式，例如执行如下语句：

Me.FormBorderStyle ＝ Windows.Forms.FormBorderStyle.Fixed3D

表示程序运行该代码后将窗体边框改变成 3D 效果。

**2）事件**

窗体的事件较多，最常用的事件有 Click、DoubleClick、Load、Activated 和 Resize 等。

①Click：当鼠标单击窗体时，触发该事件。

②DoubleClick：当鼠标双击窗体时，触发该事件。

③Load：当应用程序启动，对于启动窗体，自动触发该事件。所以该事件通常用于启动应用程序时对属性和变量进行初始化。

④Activated：当窗体成为活动窗体时，就会触发该事件。

⑤Resize：当改变窗体的大小时，就会触发该事件。

[**例 3.2**] 窗体的大小变换，程序设计和运行界面如图 3-4、图 3-5 所示，要求如下：

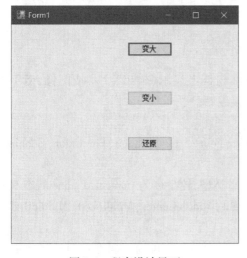

图 3-4 程序设计界面

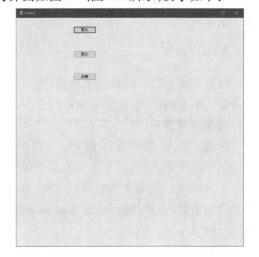

图 3-5 程序运行界面

①按钮 1 控制窗体的变大。

②按钮 2 控制窗体的变小。

③按钮 3 控制窗体的还原。

程序代码:

```
Public Class Form1
    Private Sub Form1_Load(ByVal sender As System.Object, ByVal e As System.EventArgs) Handles My-
Base.Load
        Me.Height = 400                        '给窗体赋予初始宽度和高度
        Me.Width = 400
    End Sub
    Private Sub Button1_Click(ByVal sender As System.Object, ByVal e As System.EventArgs) Handles But-
ton1.Click
        Me.Height = Me.Height * 2              '按钮 1 按下时窗体的宽度和高度加倍
        Me.Width = Me.Width * 2
    End Sub
    Private Sub Button2_Click(ByVal sender As System.Object, ByVal e As System.EventArgs) Handles But-
ton2.Click
        Me.Height = Me.Height * 1 / 2          '按钮 2 按下时窗体的宽度和高度减半
        Me.Width = Me.Width * 1 / 2
    End Sub
    Private Sub Button3_Click(ByVal sender As System.Object, ByVal e As System.EventArgs) Handles But-
ton3.Click
        Me.Height = 400                        '按钮 3 按下时窗体恢复初始状态
        Me.Width = 400
    End Sub
End Class
```

**3) 方法**

窗体方法主要有 Show、Hide、ShowDialog 等,主要用于多窗体的显示和隐藏等,将在后续程序中体现。

### 3.2.2 标签

标签控件是简单也较为常用的控件,主要用来在窗体上显示(输出)文本或图像,但不能作为输入信息的界面,也就是显示的文本不能被直接编辑。

**1) 主要属性**

标签的主要属性除了前面介绍的 Name、Text、Font、Size、Location、ForeColor、Enabled、Visible 等通用属性外,其他主要的属性说明如下:

①TextAlign:设置文本的对齐方式。该属性是枚举类型,枚举名为 ContentAlignment,有 9 种枚举值,分别为:BottomCenter、BottomLeft、BottomRight、MiddleCenter、MiddleLeft、MiddleRight、TopCenter、TopLeft、TopRight。

②Image、ImageAlign:设置标签控件的背景图片和对齐方式,可通过属性窗口选择所需的图片和 9 种对齐方式;对于图片,也可通过如下代码设置:

标签控件名.Image = Image.FromFile("图片文件名")

③BackColor:默认情况下,背景色与窗体背景色相同。但当窗体以图片平铺时,通过设

置该属性的 Color.Transparent 枚举值使显示的文本以透明方式(即不遮盖窗体背景图)显示。

④BorderStyle:标签控件边框样式,枚举类型,有 3 个枚举值,分别为 None、FixedSingle 和 Fixed3D。

⑤AutoSize:决定控件是否自动调整大小。其默认值为 True,自动调整标签控件的大小,若设置为 False 则保持标签控件原设计时的大小,正文若太长则显示其中的一部分。

**2) 事件**

标签经常响应的事件有:单击(Click)、双击(DoubleClick)。

### 3.2.3 命令按钮

在应用程序中,命令按钮的应用十分广泛。在程序执行期间,当用户选择某个命令按钮就会执行相应的事件过程。

**1) 主要属性**

①Text:设置命令按钮显示的文字。

②FlatStyle:设置按钮的外观,该属性是枚举类型,有以下 4 种枚举值。

- Flat:按钮以平面样式显示。
- Popup:按钮以 Flat 平面样式显示,鼠标在按钮上以 Standard 三维样式显示。
- Standard:默认,以三维样式显示。
- System:由用户的操作系统决定外观形式。

③Image、BackgroundImage:当 FlatStyle 属性值设置为非 System 的值时,则可以使用 Image、BackgroundImage 属性对按钮设置图形或背景图。

④TextAlign、ImageAlign:设置文本、图形在按钮上的对齐方式,有 9 种对齐方式。

**2) 主要事件**

命令按钮一般接收 Click。

一般来讲,Button 和其他控件结合使用。

[例3.3] 利用 Label 控件的属性实现不同的功能,程序设计和运行界面如图 3-6、图 3-7 所示,要求如下:

用户在文本框中输入姓名,点击按钮后下方标签同步显示文本框中姓名。

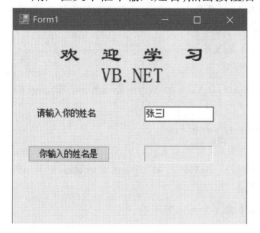

图 3-6 Label 控件的程序设计界面一          图 3-7 Label 控件的程序运行界面一

程序代码：

```
Public Class Form1
        Private Sub Button1_Click(ByVal sender As System.Object，ByVal e As System.EventArgs) Handles Button1.Click
            Label3.Text = TextBox1.Text                    '当 Button1 按下时，Label3 显示 TextBox1 的文本
        End Sub
End Class
```

注意：同步文本框的 Label 控件视觉效果可通过改变其 BorderStyle 为 Fixed3D 即可。

[例 3.4]　Label 控件的移动，程序设计和运行界面如图 3-8、图 3-9 所示，要求如下：
4 个按钮分别控制 Label 控件左右上下地移动。

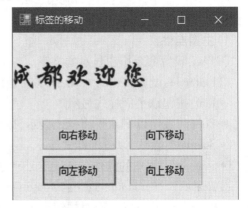

图 3-8　Label 控件的程序设计界面二　　　　图 3-9　Label 控件的程序运行界面二

程序代码：

```
Public Class Form1
        Private Sub Button1_Click(ByVal sender As System.Object，ByVal e As System.EventArgs) Handles Button1.Click
                Label1.Left = Label1.Left + 10            ' Label1 的 X 坐标+10
        End Sub
        Private Sub Button3_Click(ByVal sender As System.Object，ByVal e As System.EventArgs) Handles Button3.Click
                Label1.Left = Label1.Left − 10            ' Label1 的 X 坐标−10
        End Sub
        Private Sub Button2_Click(ByVal sender As System.Object，ByVal e As System.EventArgs) Handles Button2.Click
                Label1.Top = Label1.Top + 10            ' Label1 的 Y 坐标+10
        End Sub
        Private Sub Button4 _ Click(ByVal sender As Object，ByVal e As System.EventArgs) Handles Button4.Click
                Label1.Top = Label1.Top − 10            ' Label1 的 Y 坐标−10
        End Sub
    End Class
```

### 3.2.4　文本框

文本框是一个文本编辑区域,用户可以在该区域输入、编辑、修改和显示正文内容,即用户可以创建一个文本编辑器。

**1) 主要属性**

①Text:是最重要、最常用的属性。当程序执行时,用户通过键盘输入和编辑正文。

②MaxLength:设置文本框可输入的文字最大长度,默认值为 32767。

注意:

在 VB.NET 中字符长度以字为单位,也就是 1 个西文字符与 1 个汉字都是 1 个字节,长度为 1。

③MultiLine:设置文本是否有多行属性。默认(False)仅一行,属性设置为 True 时,文本框可以输入或显示多行正文,同时具有文字处理器的自动换行功能,即输入的正文超出显示框时,会自动换行。按 Enter 键可插入一空行。

④ScrollBars:该属性用于设置文本框是否带有滚动条。当 MultiLine 属性为 True 时,ScrollBars 属性才有效。该属性是枚举型,有如下 4 个枚举值:

- None:无滚动条。
- Horizontal:有水平滚动条。
- Vertical:有垂直滚动条。
- Both:同时有水平和垂直滚动条。

注意:

当加入了水平滚动条以后,文本框内的自动换行功能会自动消失,只有按 Enter 键才能回车换行。

⑤PasswordChar:设置显示文本框中的替代符。例如,当设置为空时,文本框中输入的内容均以显示,而文本框的 Text 属性值存储的是用户输入的原文。一般用于设置口令的输入。

⑥ReadOnly:指定文本控件是否可被编辑,默认值为 False,表示可编辑;当设置为 True 时,文本控件相当于标签控件的作用。

⑦SelectionStart、SelectionLength、SelectedText:在程序运行中,对文本内容进行选择操作时,这 3 个属性用来标识用户选中的正文。

- SelectionStart:选定的正文的开始位置,第一个字符的位置是 0。
- SelectionLength:选定的正文长度。
- SelectedText:选定的正文内容。

设置了 SelectionStart 和 SelectionLength 属性后,VB.NET 会自动将设定的正文送入 SelectedText 存放。这些属性一般用于在文本编辑中设置插入点及范围,选择字符串,清除文本等,利用这些属性实现对文本信息的剪切、复制、粘贴等功能。

Textbox 是最为常用和重要的控件,通常和其他控件结合使用。接下来,通过几个例子来充分了解下 Textbox 的属性和用途。

[**例 3.5**]　按钮改变文本框内容与窗体颜色,程序设计和运行界面如图 3-10—图 3-13 所示,要求如下:

通过按钮的按下与抬起来控制文本框的显示内容和窗体的颜色。

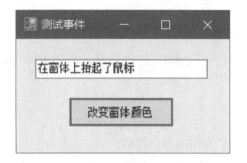

图 3-10　按钮控件的程序设计界面一

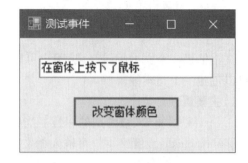

图 3-11　按钮控件的程序设计界面二

图 3-12　按钮控件的程序运行界面一

图 3-13　按钮控件的程序运行界面二

程序代码：

```
Public Class Form1
    Private Sub Button1_MouseDown(ByVal sender As Object，ByVal e As System.Windows.Forms.MouseEventArgs) Handles Button1.MouseDown
        Me.BackColor = Color.Red            '按钮按下时窗体颜色变为红色
    End Sub
    Private Sub Button1_MouseUp(ByVal sender As Object，ByVal e As System.Windows.Forms.MouseEventArgs) Handles Button1.MouseUp
        Me.BackColor = Color.Green          '按钮抬起时窗体颜色变为绿色
    End Sub
    Private Sub Form1_MouseDown(ByVal sender As Object，ByVal e As System.Windows.Forms.MouseEventArgs) Handles Me.MouseDown
        TextBox1.Text = "在窗体上按下了鼠标"
    End Sub
    Private Sub Form1_MouseUp(ByVal sender As Object，ByVal e As System.Windows.Forms.MouseEventArgs) Handles Me.MouseUp
        TextBox1.Text = "在窗体上抬起了鼠标"
    End Sub
End Class
```

**2）事件**

在文本框所能响应的事件中，TextChanged、KeyPress、LostFocus 和 GotFocus 是重要的事件。

①TextChanged 事件：当用户输入新内容或当程序将 Text 属性设置新值，从而改变文本框

的 Text 属性时会触发该事件。当用户在文本框输入一个字符时,就会触发一次 TextChanged 事件。例如,用户输入"Change"一词时,会触发 6 次 TextChanged 事件。

②KeyPress 事件:当用户按下并且释放键盘上的一个任意键时,就会触发焦点所在控件的 KeyPress 事件,此事件会将用户所按的任意键返回给 e.KeyChar 参数。例如,当用户输入字符"a",返回 e.KeyChar 的值为"a"。同 TextChanged 事件一样,每输入一个字符就会触发一次该事件;事件中最常用的是对输入的是否为回车符来进行判断和控制,即 Asc(e.KeyChar)的值为 13 的判断,表示文本的输入结束。一般常用的是 KeyPress 事件,而 TextChanged 事件则较少使用。

③LostFocus 事件:此事件是在一个对象失去焦点时发生,焦点的失去一般有两种情况:按了 Tab 键使光标离开该文本框或单击其他控件。LostFocus 事件过程主要用来检查 Text 属性的内容进行验证和确认。

④GotFocus 事件:GotFocus 事件与 LostFocus 事件相反,当一个对象获得焦点时发生。

### 3)方法

文本框最常用的方法是 Focus,该方法是把光标移到指定的文本框中。当在窗体上建立了多个文本框后,用该方法把光标置于所需要的文本框上。其形式如下:

[对象名.]Focus

Focus 方法还可以用于如 CheckBox、Button、ListBox、ComboBox 等控件。

### 4)文本框的应用

[例3.6]　列表框的使用,程序设计和运行界面如图 3-14—图 3-16 所示,要求如下:

①此题中的 TextBox 需要将 Multiline 和 ReadOnly 属性设置为 True,ScorllBars 属性设置为 Vertical。

②两个按钮实现源数据的单个选取和全部选取功能,一个按钮对选取数据框。

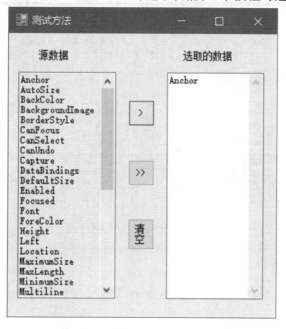

图 3-14　列表框的程序设计界面一

图 3-15　列表框的程序设计界面二

图 3-16　列表框的程序运行界面

程序代码：

```
Public Class Form1
    Private Sub Button1_Click(ByVal sender As System.Object，ByVal e As System.EventArgs) Handles Button1.Click
        TextBox2.AppendText(TextBox1.SelectedText & vbCrLf)
    End Sub
```

```
        Private Sub Button2_Click(ByVal sender As System.Object, ByVal e As System.EventArgs) Handles But-
ton2.Click
            TextBox1.SelectAll()
            TextBox2.AppendText(TextBox1.SelectedText & vbCrLf)
        End Sub
        Private Sub Button3_Click(ByVal sender As System.Object, ByVal e As System.EventArgs) Handles But-
ton3.Click
            TextBox2.Clear()
        End Sub
End Class
```

[例 3.7]　货币转换程序,程序设计和运行界面如图 3-17、图 3-18 所示,要求如下:
①程序能在给定汇率的条件下正确转换两种货币。
②程序能正常清零和结束。

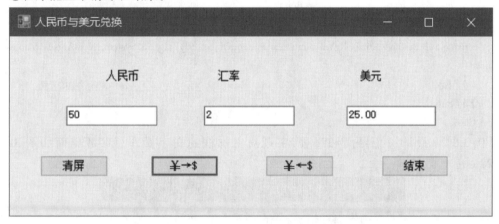

图 3-17　程序设计界面

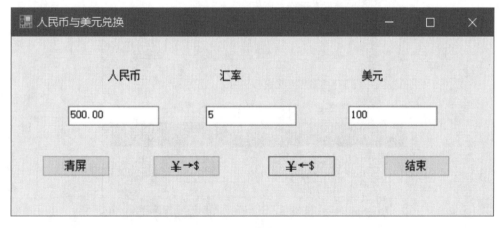

图 3-18　程序运行界面

程序代码:

```
Public Class Form1
    Dim t As Double
    Private Sub Button1_Click(ByVal sender As System.Object, ByVal e As System.EventArgs) Handles But-
```

```
ton1.Click
            TextBox1.Text = ""                                          '清屏按钮
            TextBox2.Text = ""
            TextBox3.Text = ""
        End Sub
        Private Sub Button2_Click(ByVal sender As System.Object, ByVal e As System.EventArgs) Handles But-
ton2.Click
            t = Val(TextBox1.Text) / Val(TextBox2.Text) '¥→$        '人民币转换为美元
            TextBox3.Text = Format(t, "0.00")
        End Sub
        Private Sub Button3_Click(ByVal sender As System.Object, ByVal e As System.EventArgs) Handles But-
ton3.Click
            t = Val(TextBox3.Text) * Val(TextBox2.Text) '$→¥        '美元转换为人民币
            TextBox1.Text = Format(t, "0.00")
        End Sub
        Private Sub Button4_Click(ByVal sender As System.Object, ByVal e As System.EventArgs) Handles But-
ton4.Click
            End                                                         '结束按钮
        End Sub
    End Class
```

[**例 3.8**] 设计一个界面和过程,实现对文本框的文字操作。参考界面如图 3-19—图 3-22 所示。

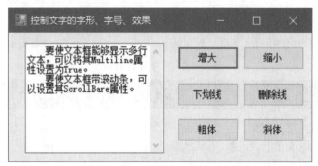

图 3-19 文字操作的程序运行界面一

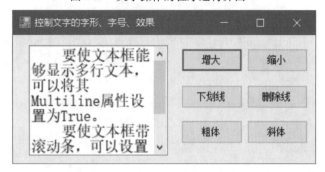

图 3-20 文字操作的程序运行界面二

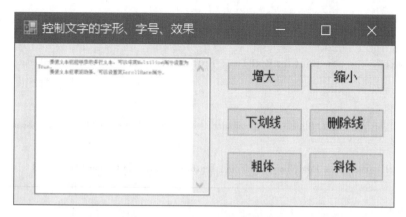

图 3-21　文字操作的程序运行界面三

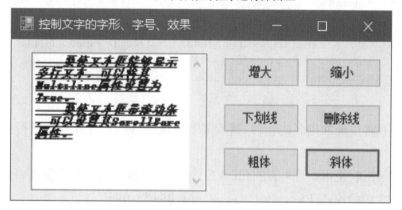

图 3-22　文字操作的程序运行界面四

程序代码：

```
Public Class Form1
    Private Sub Button1_Click(ByVal sender As System.Object, ByVal e As System.EventArgs) Handles Button1.Click
        TextBox1.Font = New Font(TextBox1.Font.Name, TextBox1.Font.Size + 5,
                    TextBox1.Font.Style)                        '增大按钮
    End Sub
    Private Sub Button2_Click(ByVal sender As Object, ByVal e As System.EventArgs) Handles Button2.Click
        TextBox1.Font = New Font(TextBox1.Font.Name, TextBox1.Font.Size - 5,
                    TextBox1.Font.Style)                        '缩小按钮
    End Sub
    Private Sub Button3_Click(ByVal sender As Object, ByVal e As System.EventArgs) Handles Button3.Click
        TextBox1.Font = New Font(TextBox1.Font, TextBox1.Font.Style Or FontStyle.Underline)
                                                               '下画线按钮
    End Sub
```

```
        Private Sub Button4 _ Click（ByVal sender As Object, ByVal e As System. EventArgs） Handles
Button4.Click
        TextBox1.Font = New Font(TextBox1.Font, TextBox1.Font.Style Or FontStyle.Strikeout)
                                                            '删除线按钮

        End Sub
        Private Sub Button5 _ Click（ByVal sender As Object, ByVal e As System. EventArgs） Handles
Button5.Click
        TextBox1.Font = New Font(TextBox1.Font, TextBox1.Font.Style Or FontStyle.Bold)
                                                            '粗体按钮

        End Sub
        Private Sub Button6 _ Click（ByVal sender As Object, ByVal e As System. EventArgs） Handles
Button6.Click
        TextBox1.Font = New Font(TextBox1.Font, TextBox1.Font.Style Or FontStyle.Italic)
                                                            '斜体按钮

        End Sub
    End Class
```

文本框是控件里经常用到的控件,读者需要对此控件的属性和方法进行详细的了解和学习。

除了标签、按钮、文本框以外,还有其他控件,会陆续在后面的章节里逐一进行介绍。本章再介绍 3 个常用的控件,PictureBox、RadioButton、RichTextBox。

### 3.2.5　图片框控件

图片框控件(PictureBox)是专门用于显示图片的控件,可显示 bmp, gif, jpg, wmf 等格式的图形文件。

主要属性:

Image:设置显示在控件上的图片,该属性设置同前面有关控件对应的属性值。当在代码窗口要装入图形文件,则通过如下语句:

PictureBox 控件名.Image = Image.FromFile("图片文件名")

当程序中要清除已装入的图片,通过如下语句:

PictureBox 控件名.Image = Nothing

SizeMode:用于控制调整图片框中显示的图片大小,有 5 个枚举选项,枚举名为 Picture-BoxSizeMode。

当要放大或缩小图片,则将 SizeMode 属性设置为 StretchImage,利用改变 PictureBox 控件的大小而实现缩放图片的目的。一般图片框控件不使用事件。

[例 3.9]　图像的放大与缩小,程序设计和运行界面如图 3-23—图 3-25 所示,要求如下:

①在 PictureBox 中装入图像。

②两个按钮分别控制图像的放大和缩小。

图 3-23　图片框控件的程序设计界面

图 3-24　图片框控件的程序运行界面一

图 3-25　图片框控件的程序运行界面二

程序代码：

```
Public Class Form1
        Private Sub Button1_Click(ByVal sender As System.Object，ByVal e As System.EventArgs) Handles But-
ton1.Click                                                      '放大按钮
                PictureBox1.Width = PictureBox1.Width + 5        ' PictureBox1 控件的宽度增加 5 磅
                PictureBox1.Height = PictureBox1.Height + 5      ' PictureBox1 控件的高度增加 5 磅
        End Sub
        Private Sub Button2_Click(ByVal sender As System.Object，ByVal e As System.EventArgs) Handles But-
ton2.Click                                                      '缩小按钮
                With PictureBox1
                        .Width = .Width − 5                      ' PictureBox1 控件的宽度增加 5 磅
                        .Height = .Height − 5                    ' PictureBox1 控件的高度增加 5 磅
                End With
        End Sub
End Class
```

### 3.2.6　单选按钮控件

单选按钮(RadioButton)主要是当窗体上要显示一组互相排斥的选项,以便让用户选择其中一个时,可使用单选按钮。例如考试时的单选题有 A、B、C、D 4 个选项,考生只能选择其中一项。

### 1）主要属性

单选按钮的主要属性有 Text 和 Checked,Text 属性的值是单选按钮上显示的文本。Checked 属性为 Boolean,表示单选按钮的状态:True,表示被选定;False,表示未被选定,默认值。

### 2）主要事件

单选按钮的主要事件有 Click 和 CheckedChanged 事件。当用户按某按钮后,该按钮触发 Click 事件;当某个单选按钮的状态(Checked 属性)发生变化,也触发其 CheckedChanged 事件。

[**例 3.10**]　温度转换器,程序设计和运行界面如图 3-26—图 3-28 所示,要求如下:

①运用 RadioButton 控件实现模式的更改。

②每种模式下只能进行单向换算。

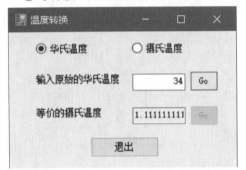

图 3-26　单选按钮控件的程序设计界面一

图 3-27　单选按钮控件的程序设计界面二

图 3-28　单选按钮控件的程序运行界面

程序代码:

```
Public Class Form1
    Private Sub RadioButton1_Click(ByVal sender As Object, ByVal e As System.EventArgs) Handles Ra-
dioButton1.Click                                           '华氏温度按钮
        TextBox2.ReadOnly = True
        TextBox1.ReadOnly = False                '按钮按下时 TextBox1 文本可修改,TextBox2 文本只读
        TextBox1.Clear() : TextBox2.Clear()
        Button1.Enabled = True
        Button2.Enabled = False                  ' Button1 可用,Button2 禁用
```

```
            Label1.Text = "输入原始的华氏温度"
            Label2.Text = "等价的摄氏温度"
        End Sub
    Private Sub RadioButton2_Click（ByVal sender As Object，ByVal e As System.EventArgs）Handles Ra-
dioButton2.Click                                          '摄氏温度按钮
            TextBox1.ReadOnly = True
            TextBox2.ReadOnly = False
            TextBox1.Clear（）：TextBox2.Clear（）
            Button1.Enabled = False
            Button2.Enabled = True
            Label1.Text = "等价的华氏温度"
            Label2.Text = "输入原始的摄氏温度"
        End Sub
     Private Sub Button1 _ Click（ByVal sender As Object，ByVal e As System.EventArgs） Handles
Button1.Click
            TextBox2.Text = 5 / 9 ∗ （Val（TextBox1.Text）− 32）   '按钮 1 按下时 TextBox2 显示计算结果
            End Sub
     Private Sub Button2 _ Click（ByVal sender As Object，ByVal e As System.EventArgs） Handles
Button2.Click
            TextBox1.Text = 1.8 ∗ Val（TextBox2.Text）+ 32          '按钮 2 按下时 TextBox1 显示计算结果
            End Sub
        Private Sub Button3_Click（ByVal sender As Object，ByVal e As System.EventArgs）Handles Button3.
Click                                                     '退出按钮
            End
        End Sub
    End Class
```

### 3.2.7　RichTextBox 控件

TextBox 控件可以显示文本,并且可以显示多行文本,而 RichTextBox 控件除了显示文本以外,还可以插入图片,具有丰富的设置字体、字形、文本格式等。

相比普通的 TextBox 控件,利用 RichTextBox 控件,可以打开显示一个图文 Word 文档,并且与在 Microsoft Word 软件中打开的效果相似。

主要属性包括滚动条属性和设置字体属性。

(1)滚动条属性

RichTextBox 可设置 Multiline 属性来控制是否显示滚动套,True 为是,False 为否。默认为True(此项属性在 TextBox 也可实现)。

(2)设置字体属性

可通过 RichTextBox 的 Font 属性和 ForeColor 属性设置(Visual Studio 2013 社区版找不到 SelectionFont 和 SelectionColor 属性),也可通过代码实现。

[例 3.11]　通过滚动条和 RichTextBox 调节并设置文本框颜色,程序设计和运行界面如图 3-29、图 3-30 所示,要求如下:

①通过滑动滚动条(HScrollBar)改变数值来调节 RichTextBox 颜色深浅。

②用户分别用两个 Button 控件设置 TextBox 的前景和背景颜色。

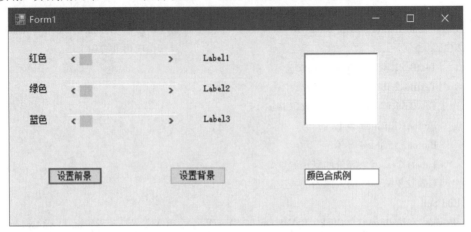

图 3-29　程序设计界面

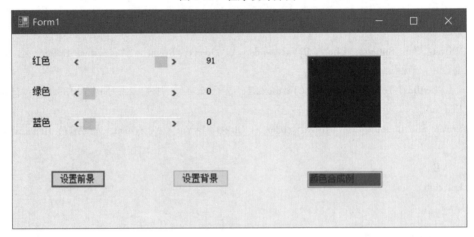

图 3-30　程序运行界面

程序代码:

```
Public Class Form1
    Private Sub HScrollBar1_ValueChanged(ByVal sender As Object, ByVal e As System.EventArgs) Handles
HScrollBar1.ValueChanged
        Dim Red, Green, Blue As Integer
        Red = HScrollBar1.Value                    ' Red 为滚动条 1 的数值
        Label1.Text = Red                          ' Label1 的数值即为 Red 的数值
        Green = HScrollBar2.Value                  ' Green 为滚动条 2 的数值
        Label2.Text = Green                        ' Label2 的数值即为 Green 的数值
        Blue = HScrollBar3.Value                   ' Blue 为滚动条 3 的数值
        Label3.Text = Blue                         ' Label3 的数值即为 Blue 的数值
        RichTextBox1.BackColor = Color.FromArgb(Red, Green, Blue)
    '定义 RichTextBox1 的背景颜色值为 Red,Green,Blue(alpha 值默认 255,即不透明)
    End Sub
```

```
        Private Sub Button1_Click(ByVal sender As System.Object, ByVal e As System.EventArgs) Handles But-
ton1.Click
            TextBox2.ForeColor = RichTextBox1.BackColor
    '当 Button1 按下时 TextBox2 的前景颜色等于 RichTextBox1 的背景颜色
        End Sub
        Private Sub Button2_Click(ByVal sender As System.Object, ByVal e As System.EventArgs) Handles But-
ton2.Click
            TextBox2.BackColor = RichTextBox1.BackColor
    '当 Button2 按下时 TextBox2 的背景颜色等于 RichTextBox1 的背景颜色
        End Sub
    End Class
```

## 3.3　综合应用

本章介绍了 VB.NET 面向对象可视化编程的基本概念、对象的三要素、事件驱动的运行机制。最基本的窗体、标签、文本框、命令按钮、图片框等控件的使用。通过本章的学习,读者可以编写简单的、可视化界面的小程序。通过本章的学习读者可能会感到 VB.NET 概念较多,大量的属性不容易记住。但是,只要抓住控件的主要属性、事件、方法,通过上机调试、验证,就会一目了然。事件中使用的语句将在第 4 章中介绍,大家模仿一下,不难理解和掌握。

[**例 3.12**]　猪储蓄罐的设计,程序运行界面如图 3-31、图 3-32 所示,要求如下:

①3 个按钮分别实现计算、清空和退出 3 个功能。

②在更改单位数据大小时,总金额自动清零。

 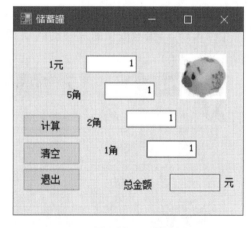

图 3-31　储蓄罐的程序设计界面　　　　　图 3-32　储蓄罐的程序运行界面

程序代码:

```
Public Class Form1
    Enum money As Integer                        '枚举与 money 有关的 4 个单位
        oneYuan = 100
```

```
        halfYuan = 50
        twoJiao = 20
        oneJiao = 10
    End Enum
    Private Sub Button1 _ Click（ByVal sender As Object，ByVal e As System.EventArgs）Handles
Button1.Click
        TextBox5.Text =（money.oneYuan ＊ Val（TextBox1.Text）+ money.halfYuan ＊ Val（TextBox2.
Text）+ money.twoJiao ＊ Val（TextBox3.Text）+ money.oneJiao ＊ Val（TextBox4.Text））/ 100
        '按下按钮 1 时,TextBox5 的文本为计算结果
    End Sub
    Private Sub Button2_Click（ByVal sender As System.Object，ByVal e As System.EventArgs）Handles But-
ton2.Click
        TextBox1.Clear（）:TextBox2.Clear（）:TextBox3.Clear（）:TextBox4.Clear（）:TextBox5.Clear（）
        '按钮 2 按下时,所有 TextBox 清零
    End Sub
    Private Sub Button3 _ Click（ByVal sender As Object，ByVal e As System.EventArgs）Handles
Button3.Click
        End                                    '按下按钮 3 时退出窗体
    End Sub
    Private Sub TextBox1_TextChanged（ByVal sender As Object，ByVal e As System.EventArgs）Handles
TextBox1.TextChanged，TextBox2.TextChanged，TextBox3.TextChanged，TextBox4.TextChanged
        TextBox5.Clear（）                        '其他文本框内数字改变时,TextBox5 的内容清零
    End Sub
End Class
```

注意:窗体中的图片需在设计窗体时添加。

[例3.13] 编写一个图片移动的动画过程,程序运行界面如图 3-33、图 3-34 所示,要求如下:

图 3-33  起始位置

图 3-34  运行位置

①图片起始坐标是(0,0),需要设置参数 newpoint(0,0)。

②当用户点击"移动"按钮后,图片沿着对角线的位置移动,需要在过程设置中,对图片位置参数的 x,y 坐标设置成 PictureBox1.Location.X + 10,PictureBox1.Location.Y + 10。

③采用 Timer 控件对图片进行动态定时控制。定时器开启和关闭需要运用属性"Enabled",True 代表开启 Timer 控件,False 代表关闭 Timer 控件。

程序代码:

```
Public Class Form1
    Private Sub Button1_Click(ByVal sender As System.Object, _
        ByVal e As System.EventArgs) Handles Button1.Click
        Timer1.Enabled = True                '激活定时器
        Button1.Enabled = False              '"移动"按钮无效
        Button2.Enabled = True               '"停止"按钮有效
    End Sub
    Private Sub Button2_Click(ByVal sender As Object, _
        ByVal e As System.EventArgs) Handles Button2.Click
        Timer1.Enabled = False               '关闭定时器
        Button1.Enabled = True               '"移动"按钮有效
        Button2.Enabled = False              '"停止"按钮无效
        PictureBox1.Location = New Point(0, 0)  'PictureBox1 控件归位坐标原点
    End Sub
    Private Sub Timer1_Tick(ByVal sender As Object, ByVal e As System.EventArgs) Handles Timer1.Tick
        PictureBox1.Location = New Point(PictureBox1.Location.X + 10, PictureBox1.Location.Y + 10)
    End Sub
End Class
```

# 思考题

1.什么是对象？什么是事件过程？

2.属性窗口的用途是什么？

3.属性和方法的区别是什么？

4.窗体布局窗口的用途是什么？

5.控件的基本属性是什么？简述其两种设置方式。

6.简述窗体与其他控件的不同之处。

7.如果进入 VB 的集成开发环境后,发现没有"工具箱"应怎么操作？

8.当标签框的大小由 Text 属性的值进行扩展或缩小,应该对该控件进行怎样的操作？

9.文本框要显示多行文字,应该将哪种属性设置为何值？

10.当窗体被关闭时,该窗口的哪个事件过程会被系统自动执行？

11.若要程序运行时用户不能修改文本框内容应该怎样设置?

12.要使命令框、按钮框获得焦点应该怎么操作?

13.为获得透明的标签怎样设置其属性?

14.简述标签和文本框的区别。

15.若一个工程有 3 个窗体 Form1、Form2、Form3,其中 Form1 为启动窗体,若将 Form3 改为启动窗体,应该怎样操作?

# 第 4 章
# VB 基本语法

在第 3 章中已介绍了基本的 VB.NET 基本控件的使用，并且通过一系列的例题可以看到，运用 VB.NET 编程，需要界面+代码的方法进行设计，从而使读者对 VB.NET 的面向对象的编程方式有了概要的了解。至此，读者可利用控件快速地编写一些简单的小程序。在了解控件的属性和方法的一些基本概念之后，接下来，就要进入程序设计的模块部分了。与其他程序设计语言一样，VB.NET 有自己语言体系的数据类型、表达式、基本语句、数组、函数和过程等。本章主要介绍 VB 的基本数据类型、表达式、编码规则等程序语言基础知识。

## 4.1 常用数据类型

### 4.1.1 数据类型和标识符

**1) 数据和数据类型**

在程序设计中，数据是程序设计的必要组成部分，是程序处理的对象。在应用程序中总要处理各种数据，编程语言通过规定数据类型来存储不同类型的数据。不同的数据在计算机内的存储方式和分配的空间是不同的，不同的数据类型占用的数据结构空间是不同的，如果一个变量是整型，只能存放整数，在计算机内可以用 4 个字节的整型来存储；如果一个变量是实数，可用 4 字节的单精度浮点数来存储。

不同的数据类型参与的运算也不同，例如数值可以进行加减乘除等数学运算，而字符数据只能进行连接运算，日期类型数据可以相减以表示两个日期的间隔，但不能相加及乘除。这些规则和我们平时学习的软件规则是基本一致的。

**2) 基本数据类型**

基本数据类型是由系统提供，用户可以直接使用。表 4-1 列出了基本的数据类型、占用空间和表示范围等。

表 4-1　VB.NET 的基本数据类型

| 数据类型 | 关键字 | 字符型 | 占字节数 | 范　围 |
|---|---|---|---|---|
| 字节型 | Byte | | 1 | $0 \sim 2^8-1$（$0 \sim 255$） |
| 逻辑型 | Boolean | | 2 | True 或 False |
| 短整型 | Shot | | 2 | $-2^{15} \sim 2^{15}-1$（$-32768 \sim 32767$） |
| 整型 | Integer | % | 4 | $-2^{31} \sim 2^{31}-1$ |
| 长整型 | Long | & | 8 | $-2^{63} \sim 2^{63}-1$ |
| 单精度型 | Single | ! | 4 | $-3.40282323E38 \sim +3.402823E38$ |
| 双精度型 | Double | # | 8 | $-1.79769313486232E308 \sim +1.79769313486232E308$ |
| 定点数型 | Decimal | @ | 16 | $-2^{92}-1 \sim 2^{92}-1$（无小数时） |
| 日期型 | Date | | 8 | 从 1/1/0001 到 12/31/9999 |
| 字符型 | Char | | 2 | 单一的 Unicode 字符 |
| 字符串型 | String | $ | / | $0 \sim 20$ 亿个 Unicode 字符 |
| 对象型 | Object | | 4 | 任何数据类型 |

与其他语言相比，VB.NET 的数据类型比较简单，作为初学者，不必掌握所有的数据类型，开始只要掌握最基本的数据类型，即整型、逻辑型、单精度型、双精度型和字符型。其余的数据类型会在后面章节的学习中根据实际需求进行学习。在编程时可按照下面的方法决定何时使用哪种数据类型：如果数据用于计算，使用数值型（整型或单精度型）；如果数据不可计算，则使用字符串型。

**3) 标识符**

在程序设计语言中，用标识符给用户处理的对象命名。在 VB.NET 中标识符用来命名常量、变量、函数、过程、各种控件名等。标识符的命名要求遵循以下规则：

①由字母或下画线开头，后面可跟字母、下画线、数字等字符；也可以使用汉字、希腊字符（不常用）。

②不能使用 VB.NET 程序设计语言中的关键字。例如 Dim、If、For 等。

③一般不能使用 VB.NET 中具有特定意义的标识符，例如方法名等，以免混淆。

④VB.NET 中不区分变量名的大小写。例如，XYZ、xyz、xYz 等都认为是一个相同的变量名。为了便于区分，一般变量首字母用大写字母，其余用小写字母表示；常量全部用大写字母表示。

下例是错误或使用不当的标识符：

```
5gh              '数字开头
h-m              '不允许出现减号运算符
Xi Jing          '不允许出现空格
Dim              ' VB.NET 的关键字
Sin              '与内部函数名相同,虽然允许,但尽量不用
```

## 4.2　变量与常量及其应用

### 4.2.1　引例及分析

[**例 4.1**]　圆柱体参数计算程序,程序设计和运行界面如图 4-1—图 4-3 所示,要求如下:

①将算式正确编入程序中,理解使用到的数据类型。

②程序成功运行并将正确结果显示在 Label 中。

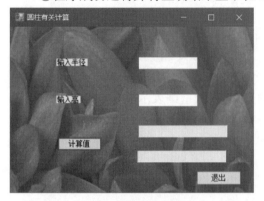

图 4-1　圆柱体计算的程序设计界面一

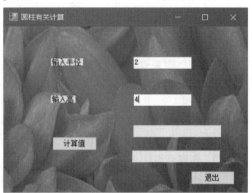

图 4-2　圆柱体计算的程序设计界面二

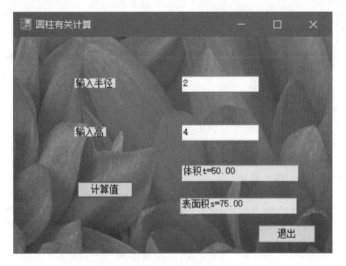

图 4-3　圆柱体计算的程序运行界面

程序代码:

```
Public Class Form1
    Private Sub Button1_Click(ByVal sender As System.Object, ByVal e As System.EventArgs) Handles Button1.Click
        Const PI = 3.1415926                          '定义不可修改的 PI 值
        Dim r, h As Integer
        Dim t, s As Integer
```

```
        r = Val(TextBox1.Text)
        h = Val(TextBox2.Text)
        t = PI * r * r * h
        s = 2 * PI * r * h + 2 * PI * r * r
        Label3.Text = "体积 t=" & Format(t, "0.00")
        Label4.Text = "表面积 s=" & Format(s, "0.00")
    End Sub
    Private Sub Button2_Click(ByVal sender As System.Object, ByVal e As System.EventArgs) Handles Button2.Click
        End
    End Sub
End Class
```

### 4.2.2　变量和常量的声明

在程序执行期间,变量是用来存储可能变化的数据,而常量则表示固定不变的数据。常量是在程序运行中不变的量,在 VB.NET 中有 3 种常量:直接常量、用户声明的符号常量、系统提供的常量。

**1) 直接常量**

直接常量就是常数值,直接反映其类型的数据,称为直接常量,又称为文字常量。每种不同的数据类型规定了不同的常量表示形式,见表 4-2。

表 4-2　直接常量举例

| 数据类型 | 表示形式 | 说　明 | 举　例 |
|---|---|---|---|
| 字节型 | n<br>十进制:±n | n 为 0~9 数字<br>n 为 0~9 数字 | 6、78、366<br>2020、−2020 |
| 整型 | 八进制:&O n<br>十六进制:&H n | &O 八进制标记,n 为 0~7 数字<br>&H 十六进制标记,n 为 0~9 数字<br>A~F 字母 | &O122<br>&H7C |
| 长整型 | 同整数型,仅在数值后加 & | | 1234& |
| 单精度型 | 小数型式:±n.n<br>指数形式:±n[.n]E±m | n、m 为 0~9 数字<br>E 表示指数符号 | 123.45、−0.12345<br>−1.23E+02 |
| 双精度型 | 同单精度型,仅在数值后加# | 尾#表示双精度常量 | 123.45#、−0.12345E+3# |
| 日期型 | #m/d/yyyy[ h:m:s AM\|PM]# | 一对#括起,以月/日/年表示,可以加时间的日期常量 | #10/12/2008#<br>#10/12/2008  11:30:00 PM# |
| 字符型 | "一个字符" | 一对""括起的一个字符常量 | "a""2""中 |
| 字符串型 | "一串字符" | 一对""括起的一串字符常量 | "12345""程序设计 |
| 逻辑型 | True、False | 仅这两个 | True、False |

说明:""表示空字符串,而" "表示有一个空格的字符;若字符串中有双引号,例如,要表示字符串:123"abc,则用连续两个双引号表示,即:"123" "abc"。

**2)用户声明的符号常量**

符号常量是由用户定义了一个标识符代表一个常数值。形式如下:

Const 符号常量名[As 类型]=表达式

其中:

符号常量名:命名规则依据标识符,为了便于与一般变量名区别,符号常量名一般用大写字母。

As 类型:说明该常量的数据类型,省略该选项,数据类型由表达式决定。用户也可在常量后加类型符。表达式:由常数、圆括号和运算符组成。

例如:

Const PI = 3.1415926 　'声明了常量 PI,代表 3.1415926,单精度型

Const MAX As Integer = 2020 　'声明了常量 MAX,代表了 2020,整型

Const COUNTS# = 78.23 　'声明了常量 COUNTS,代表了 78.23,双精度型

使用符号常量的好处是提高了程序的可读性;如果需要进行常数值的调整,只需在定义的地方一次性修改即可。

注意:

常量一旦声明,在其后的代码中只能引用,其值不能改变,即只能出现在赋值号的右边,不能出现在赋值号的左边。

**3)系统提供的常量**

VB.NET 提供许多系统预先定义的内部常量和枚举常量以方便编程。

(1)内部常量

VB 内部常量一般以小写"vb"字母开头,后面跟有意义的符号。最常用的是 vbCrLf,表示回车换行组合符,也可以用 Chr(13) + Chr(10)表示。

(2)枚举常量

在 VB.NET 的控件使用中,常常需要处理如控件的颜色、边框线型等属性,为了直观地表示这些离散的、有限的相关常数集,并提高程序的可读性,VB.NET 提供了枚举类型。

枚举名是一组值的符号名,提供了处理相关联的常数集的方便途径,枚举常量,该常数集的一个。

**4)变量**

(1)变量及特点

变量是在程序运行过程中其值可以变化的量。任何变量都有以下特点:

①变量名:它是变量的标识符。如同图书馆的归类图书索引号。

②数据类型:指明变量存放的数据类型。可以是数值、字符或日期等数据类型,不同类型,占用空间不同,存放的数据不同,进行的运算规则也不同。

③变量值:每个变量都被分配存储空间,可以存放相应数据类型的数据。这如同图书馆里存放的系列图书编号。

定义一个变量,如:Dim x As Integer = 25

注意:

在 VB.NET 中的变量不但保持一般程序设计语言中变量的上述特点,而且它也是对象,即具有属性和方法,通过内置的代码,实现对其存放的数据进行最常见的处理,大大简化了程序的编写。

例如:如下语句:

Dim NowDate As Date　　　　　　　'NowDate 是日期类型变量

TextBox1.Text = NowDate.Now　　　　'NowDate.Now 获得当前的日期

关键字 Now 称为成员(属性),这同窗体上的 TextBox 等控件的属性与方法类似。

变量的属性和方法表示该变量本身固有的功能。

(2)变量的声明

变量的声明又称为变量的定义。声明变量的作用就是为变量指定变量名称和类型,也可以赋初值。系统根据声明分配相应的存储空间。声明语句形式如下:

Dim 变量名[As 类型][=初始值]

其中:

变量名:符合标识符命名规则。

As 类型:方括号部分表示该部分可以缺省,则所创建的变量默认为 Object 对象类型;"类型"可使用表 4-1 中所列出的关键字。

初始值:可选项。该子句表示给声明的变量赋初值。

注意:

①为方便定义,可在变量名后加类型符来代替"As 类型"。此时变量名与类型符之间不能有空格。

②一条 Dim 语句可以同时声明多个变量。如果多个变量类型相同,则可以用一个 As 来指定前面几个由逗号分隔的变量,这时不能给变量赋初值。例如:Dim m, n, j As Integer, x, y As Single,等价于:Dim m%,n%,j%,x!,y!。

③在 VB.NET 中,声明变量的同时可以给变量赋初值,例如:

Dim s As String = Chengdu, n As Integer = 10。如果没有给变量赋初值,系统给变量的默认初值见表 4-3。

表 4-3　变量的默认初值

| 变量类型 | 默认初值 |
| --- | --- |
| 数值类型 | 0 |
| String | ""空 |
| Boolean | FALSE |
| Object | Nothing |
| Date | 2001/1/1 |

④除了用 Dim 语句声明变量外,在过程外部还可以用 Static、Public、Private 等关键字声明变量。

注意:

在 VB.NET 默认状态下,系统对使用的变量都要求显式声明,当使用没有声明的变量时,该变量名下有波浪线(表示语法错)。若要对变量不声明而直接使用,称为隐式声明,则在模块中所有程序代码的最前面加语句:

Option Explicit Off 语句:Option Explicit On 为变量要求显式声明,去除显式声明所有变量的规则,不利于程序的查错和调试。

### 4.2.3　数据输入和数据输出

在程序运行后总会要将结果输出,输出一般在窗体窗口。常用的输出方式有利用 TextBox 和 Label 控件的 Text 属性、MsgBox 函数等;同样,程序运行时也需要获取数据进行相应的处理,常用的输入方式有 TextBox 控件的 Text 属性、InputBox 函数、MsgBox 函数等;在 VB.NET中也可以使用 Write、WriteLine 方法进行数据输出。

1)InputBox 函数

InputBox 函数的作用是打开一个对话框,等待用户输入内容。当用户单击"确定"按钮或按回车键时,函数返回输入的值,其值的类型为字符串;当用户单击"取消"按钮或按 Esc 键时,则放弃当前的输入,返回空字符串。

InputBox 函数形式如下:

InputBox ( Prompt [ , Title ][ , Default ][ , XPos ][ , YPos ] )

其中:

①Prompt(提示):必选项。为字符串表达式,在对话框中作为输入提示信息;若要多行显示,必须在每行行末加回车 Chr(13)和换行 Chr(10)控制符或 vbCrLf 符号常数。

②Title(标题):可选项。为字符串表达式,在对话框的标题栏显示;若省略,则显示项目名。

③Default(默认值):可选项。为字符串表达式,在输入对话框中设置的默认值。若省略,则初始显示为空。

④XPos、YPos (位置):可选项。为整型表达式,坐标确定对话框左上角在屏幕上的位置,屏幕左上角为坐标原点,单位为像素。若省略,则对话框在屏幕中央显示。

注意:各项参数次序必须一一对应,除了 Prompt 一项不能省略外,其余各项均可省略,处于中间可选部分要用逗号占位符跳过。每调用一次 InputBox 函数,只能输入一个值。

[例 4.2]　编写一个计算工资的计算过程,程序运行界面如图 4-4、图 4-5 所示,要求如下:

①点击开始进入计算工资状态。此时输入基本工资(也作底薪),点击确定。

②输入该月的营业额。

③点击确定,即可算出该月的应得工资。

④点击取消,结束工资计算。

图 4-4　初始状态

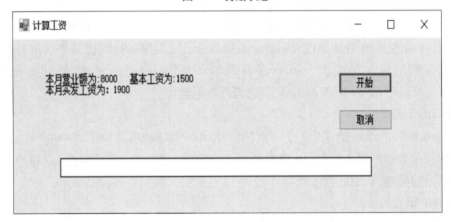

图 4-5　输入基本工资

程序代码：

```
Public Class Form1
    Private Sub Button1_Click(ByVal sender As System.Object, ByVal e As System.EventArgs) Handles Button1.Click
        Dim sfgz, jbgz, x As Single
        jbgz = Val(InputBox("输入基本工资","计算工资", 1500))
        x = Val(InputBox("输入本月营业额"))
        sfgz = jbgz + x * 0.05
        Label1.Text = "本月营业额为:" & x & "    基本工资为:" & jbgz & vbCrLf
        Label1.Text &= "本月实发工资为:" & sfgz
    End Sub
    Private Sub Button2_Click(ByVal sender As System.Object, ByVal e As System.EventArgs) Handles Button2.Click
        End
    End Sub
End Class
```

注意：

本例题也运用了 Val 函数,加深对该函数的用法。

Label1.Text初始状态为空白,运行过程中让标签隐藏,可以让界面简洁美观。

2)MsgBox 函数

MsgBox 函数的作用是打开一个信息框,等待用户选择一个按钮。MsgBox 函数返回所选按钮的整数值,其数值的意义参见表4-4;若不需返回值,则可作为一条独立的语句。

形式如下:

MsgBox(Prompt[,Buttons][,Title])

其中:

①Prompt、Title:意义与 InputBox 函数中对应的参数相同。

②Buttons(按钮):为整型表达式,决定 MsgBox 对话框上按钮的数目、类型及图标类型,其设置参见表4-4。该项可选,若省略,则只有一个"确定"按钮。

表4-4 Msgbox **按钮常用设置值及意义**

| 分 组 | 枚举值 | 按钮值 | 描 述 |
| --- | --- | --- | --- |
| 按钮数目和类型 | OkOnly | 0 | 只显示"确定"按钮 |
| | OkCancel | 1 | 显示"确定""取消"按钮 |
| | AboutRetryIgnore | 2 | 显示"终止""重试""忽略"按钮 |
| | YesNoCancel | 3 | 显示"是""否""取消"按钮 |
| | YesNo | 4 | 显示"是""否"按钮 |
| | RetryCancel | 5 | 显示"重试""取消"按钮 |
| 图标类型 | Critical | 16 | 关键信息图标 |
| | Question | 32 | 询问信息图标 |
| | Exclamation | 48 | 警告信息图标 |
| | Information | 64 | 信息图标 |

MsgBox 函数的返回值是一个整数,其值表示用户所选按钮的意义见表 4-5,也可用 MsgBoxResult枚举名来引用枚举值。

表4-5 Msgbox **函数返回所选按钮的意义**

| 枚举值 | 内部常数 | 返回值 | 被单击的按钮 |
| --- | --- | --- | --- |
| Ok | vbOk | 1 | 确定 |
| Cancel | vbCancel | 2 | 取消 |
| Abort | vbAbort | 3 | 终止 |
| Retry | vbRetry | 4 | 重试 |
| Ignore | vbIgnore | 5 | 忽略 |
| Yes | vbYes | 6 | 是 |
| No | vbNo | 7 | 否 |

[**例 4.3**] 产品检验程序,程序运行界面如图 4-6—图 4-9 所示,要求如下:

①使用 InputBox 输入参数。

②使用 If 语句进行判断。

图 4-6 产品检验的程序设计界面一

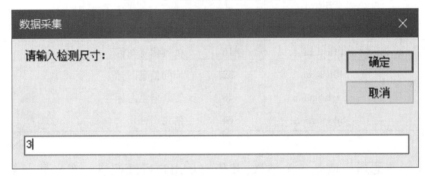

图 4-7 产品检验的程序设计界面二

图 4-8 产品检验的程序设计界面三

图 4-9　产品检验的程序运行界面

程序代码：

```
Public Class Form1
    Private Sub Form1_Load(sender As Object, e As EventArgs) Handles MyBase.Load
        Dim a, b, c, t As Single
        a = InputBox("请输入标准尺寸:", "数据采集")
        b = InputBox("请输入检测尺寸:", "数据采集")
        c = InputBox("设置允许误差:", "允许误差设置")
        t = Math.Abs(a - b)                          '返回绝对值
        If t <= c Then
            TextBox1.Text = "合格"
        Else
            TextBox1.Text = "不合格"
        End If
    End Sub
End Class
```

[例 4.4]　十进制转换为八进制，程序设计和运行界面如图 4-10、图 4-11 所示，要求使用 InputBox 和 MsgBox 完成输入和输出。

图 4-10　进制转换的程序设计界面

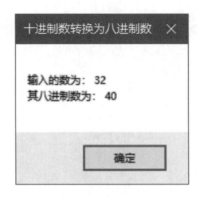

图 4-11　进制转换的程序运行界面

程序代码：

```
Public Class Form1
    Private Sub Form1_Load(sender As Object, e As EventArgs) Handles MyBase.Load
        Dim x, y As Double
        x = InputBox("请输入一个数值", "进制转换")
        y = Oct(x)                                    '返回 x 的八进制字符串
        MsgBox("输入的数为:" + Str(x) + Chr(10) + "其八进制数为:" + Str(y), 0, "十进制数转
换为八进制数")
    End Sub
End Class
```

# 4.3　运算符和表达式

### 4.3.1　运算符

运算符是表示实现某种运算的符号。VB.NET 中的运算符可分算术运算符、连接运算符、关系运算符和逻辑运算符 4 类。

**1) 算术运算符**

表 4-6 列出了 VB.NET 中使用的算术运算符,其中运算符"−"在单目运算(单个操作数)中作取负号运算,在双目运算(两个操作数)中作算术减运算,其余都是双目运算符。运算优先级表示当表达式中含有多个运算符时,先执行哪个运算符。现以优先级为序列表介绍各运算符(表 4-6 中假定 a 表示整数 4)。

表 4-6　算术运算符

| 运算符 | 含　义 | 优先级 | 实　例 | 结　果 |
|--------|--------|--------|--------|--------|
| ^ | 幂运算 | 1 | 64^(1/3) | 4 |
| − | 负号 | 2 | −a | −4 |

续表

| 运算符 | 含　义 | 优先级 | 实　　例 | 结　　果 |
|---|---|---|---|---|
| * | 乘 | 3 | a * a * a | 64 |
| / | 除 | 3 | 10/a | 2.5 |
| \ | 整除 | 4 | 10\a | 2 |
| Mod | 取余数 | 5 | 10 Mod a | 2 |
| + | 加 | 6 | 10+a | 14 |
| − | 减 | 6 | a−10 | −6 |

对算术运算符两边的操作数应是数值型,若是数字字符或逻辑型,则自动转换成数值类型后再运算。

例如:40−True,结果是 41,逻辑量 True 转为数值−1,False 转为数值 0。

False +20+ "5"　　　　　　　　　'结果是 25

[**例 4.5**]　时间换算,程序设计和运行界面如图 4-12、图 4-13 所示,要求如下:

图 4-12　时间换算的程序设计界面

图 4-13　时间换算的程序运行界面

61

①使用 Mod 运算符求余数。

②包含清空和结束按钮。

程序代码：

```
Public Class Form1
        Dim xmod60 As Integer
        Private Sub Button1_Click(ByVal sender As System.Object，ByVal e As System.EventArgs) Handles Button1.Click
                Dim h%，m%，s%，x%
                x = Val(TextBox1.Text)
                s = x Mod 60                            'Mod 求余数，即结果中的秒数
                m = (x \ 60) Mod 60
                h = x \ 3600
                Label2.Text = h & "：" & m & "：" & s
        End Sub
        Private Sub Button3_Click(ByVal sender As System.Object，ByVal e As System.EventArgs) Handles Button3.Click
                TextBox1.Text = ""
                Label2.Text = ""
        End Sub
        Private Sub Button2_Click(ByVal sender As System.Object，ByVal e As System.EventArgs) Handles Button2.Click
                End
        End Sub
End Class
```

**2) 字符串连接符**

字符串连接符有两个："&""+"，它们的作用是将两个字符串连接起来。例如：

"成都大学" + "机械工程学院"结果为"成都大学机械工程学院"

"This is" &" Visual Basic.Net"结果为"This is Visual Basic.Net"

"&"与"+"的区别是：

①"+"：它有两个作用，既可当算术运算的加法运算，也可作为字符串连接。当"+"两旁操作数为字符串，作连接运算；当两旁为数值类型，作算术运算；当两旁一个为数字字符型，另一个为数值型，则自动将数字字符转换为数值，然后进行算术加；若一个为非数字字符型，另一个为数值型，则出错。

②"&"：连接符两旁的操作数不管是字符型还是数值型，进行连接操作前，系统先将操作数转换成字符型，然后再连接。

**3) 关系运算符**

关系运算符的作用是将两个操作数进行大小比较，结果为逻辑值 True 或 False。操作数可以是数值型、字符型等。如果是数值型，按其数值大小比较；如果是字符型，则按字符的 ASCII 码值比较，关系运算符实例见表4-7。

表 4-7　关系运算符

| 运算符 | 含　义 | 实　例 | 结　果 |
|---|---|---|---|
| = | 等于 | "ABCDE" = "ABR" | FALSE |
| > | 大于 | "ABCDE" > "ABR" | FALSE |
| >= | 大于等于 | "BC">="bc" | FALSE |
| < | 小于 | 23<3 | FALSE |
| <= | 小于等于 | "23"<="3" | TRUE |
| <> | 不等于 | "abc"<>"ABC" | TRUE |
| Like | 字符串匹配 | "ABCDEFG" Like "*DE*" | TRUE |

#### 4) 逻辑运算符

逻辑运算符(又称布尔运算符)用于对操作数进行逻辑运算,结果是逻辑值 True 或 False。操作数可以是关系表达式、逻辑类型常量或变量。除 Not 是单目运算符外,其余都是双目运算符。表 4-8 列出 VB.NET 中的逻辑运算符、运算优先级等(在表 4-8 中假定 T 表示 True,F 表示 False)。

表 4-8　逻辑运算符

| 运算符 | 说　明 | 优先级 | 说　明 | 实　例 | 结　果 |
|---|---|---|---|---|---|
| Not | 取反 | 1 | 当表达式的值为 False 时,结果为 True | Not F | T |
|  |  |  |  | Not T | F |
| And | 与 | 2 | 两个表达式的值均为 True 时,结果才为 True | T And T | T |
|  |  |  |  | F And F | F |
|  |  |  |  | T And F | F |
|  |  |  |  | F And T | F |
| Or | 或 | 3 | 两个操作数中有一个为 True 时,结果为 True | T Or T | T |
|  |  |  |  | T Or F | T |
|  |  |  |  | F Or T | T |
|  |  |  |  | F Or F | F |
| Xor | 异或 | 3 | 两个操作数不相同,即一 True 一 False 时,结果为 True,否则为 False | T Xor F | T |
|  |  |  |  | T Xor T | F |

说明:

And、Or 的使用,读者要区分清楚,它们用于将多个关系表达式进行逻辑判断。若有多个条件,And(也称逻辑乘)必须条件全部为真才为真;Or(也称逻辑加)只要有一个条件为真就为真。

例如,某大学要选拔年轻干部,必须同时满足下列三个条件的为选拔对象:

年龄小于等于 35 岁、职称为中级及以上、政治面貌为中共党员,逻辑表达式为:

年龄<=35 And 职称="中级职称及以上" And 政治面貌="中共党员"

若改用 Or 连接三个条件:

年龄<=35 Or 职称="中级职称及以上" Or 政治面貌="中共党员"

则选拔年轻干部的条件变成只要满足三个条件之一。

### 4.3.2 表达式

**1) 表达式组成**

由变量、常量、运算符、函数和圆括号按一定的规则组成。表达式通过运算后有一个结果,运算结果的类型由操作数和运算符共同决定。

**2) 表达式的书写规则**

①乘号不能省略。例如,x 乘以 y 应写成:x * y。

②括号必须成对出现,均使用圆括号;可以出现多个圆括号,但要配对。

③表达式从左到右在同一基准上书写,无高低、大小区分。

对程序设计语言的初学者,要熟练地掌握将数学表达式写成正确的 VB.NET 表达式。

**3) 运算符的优先级**

前面已在运算符中介绍,算术运算符、逻辑运算符都有不同的优先级,关系运算符优先级相同。当一个表达式中出现了多种不同类型的运算符时,不同类型的运算符优先级如下:

算术运算符 > 连接运算符 > 关系运算符 > 逻辑运算符

注意:

对于多种运算符并存的表达式,可增加圆括号,改变优先级或使表达式更清晰。

[例 4.6] 通过 InputBox 和 MsgBox 计算分秒,程序设计和运行界面如图 4-14、图 4-15 所示,要求如下:

①了解并 InputBox 和 MsgBox 的原理并能够运用到程序中。

②正确计算出结果。

图 4-14 时间计算的程序设计界面

图 4-15   时间计算的程序运行界面

程序代码：

```
Public Class Form1
    Private Sub Form1_Click(ByVal sender As Object, ByVal e As System.EventArgs) Handles Me.Click
        Dim h, m, s, total As Integer
        h = Val(InputBox("请输入小时", "将时间转换成秒", "0"))
        m = Val(InputBox("请输入分", "将时间转换成秒", "0"))
        s = Val(InputBox("请输入秒", "将时间转换成秒", "0"))
        total = h * 3600 + m * 60 + s
        MsgBox(h & "小时" & m & "分" & s & "秒=" & total & "秒")
    End Sub
End Class
```

### 4.3.3   常用内部函数

和任何程序设计语言一样，VB.NET 也提供了丰富的函数，供用户编程时调用，提高了编程效率。在 VB.NET 中，一方面保留和更新了 VB 6.0 中大量的函数；另一方面通过.NET 基础类库提供的类成员（函数）来实现。

为便于读者使用，接下来对 VB.NET 经常使用的函数进行介绍，常用函数运算符及函数的含义见表 4-9。

表 4-9   常用函数运算符

| 函　　数 | 含　　义 | 实　　例 | 结　　果 |
|---|---|---|---|
| Abs(N) | 取 N 的绝对值 | Abs(−3.5) | 3.5 |
| Cos(N) | 返回 N 弧度的余弦值 | Cos(0) | 1 |
| Exp(N) | 返回以 e 为底的幂，即 eN | Exp(3) | 20.086 |
| Log(N) | 返回自然对数 | Log(10) | 2.3 |
| Max(N1,N2) | 求两个数中较大的一个数 | Max(3,5) | 5 |
| Min(N1,N2) | 求两个数中较小的一个数 | Min(3,5) | 3 |
| Sin(N) | 返回 N 弧度的正弦值 | Sin(0) | 0 |

续表

| 函　数 | 含　义 | 实　例 | 结　果 |
|---|---|---|---|
| Sign(N) | 返回 N 数值的符号:N>0 返回 1,<br>N=0返回 0,N<0 返回−1 | Sign(−3.5) | −1 |
| Sqrt(N) | 求 N 的平方根 | Sqrt(9) | 3 |
| Tan(N) | 返回 N 弧度的正切 | Tan(0) | 0 |

说明:

①为了便于表示函数中参数的个数和类,约定以 N 表示数值表达式、C 表示字符串表达式、D 表示日期表达式,以下各节叙述中,遵循该约定。用户可以通过帮助菜单,获得所有函数的使用方法。在三角函数中,以弧度来计算。

②这些函数被设计为无错的,即当使用不正确的参数时也不会引起错误。例如 Sqrt 的自变量若为负数,返回非数字,Log(0)返回负无穷大。

[**例4.7**] 绝对值函数,程序设计和运行界面如图 4-16、图 4-17 所示,要求程序能够正确通过输入值计算出结果并取绝对值。

图 4-16　绝对值函数的程序设计界面　　　　图 4-17　绝对值函数的程序运行界面

程序代码:

```
Imports System.Math
Public Class Form1
    Private Sub Button1_Click(ByVal sender As System.Object, ByVal e As System.EventArgs) Handles Button1.Click
        Dim X, X1, SX, CX As Single
        X = Val(TextBox1.Text)          '输入角度
        X1 = X * Math.PI / 180          '将角度转换成弧度,保存到 X1 中
        SX = Abs(Sin(X1))               '求 sinx 的绝对值,保存到 SX 中
```

```
        CX = Abs(Cos(X1))                    '求 cosx 的绝对值,保存到 CX 中
        '向文本框 TextBox2 添加一行文本,包括 X、SX、CX 以及必要的空格、回车换行
        '注意要将 X、SX、CX 需要转换为三位小数
        TextBox2.AppendText(Format(X, "0.000") & Space(6) & Format(SX, "0.000") & Space(8) &
Format(CX, "0.000") & vbCrLf)
        '将焦点定位在 TextBox1 中,选中其中的全部文本
        TextBox1.Focus()
        TextBox1.SelectAll()
    End Sub
End Class
```

### 4.3.4　转换函数

VB.NET 提供了一系列转换函数:数值与非数值类型转换、取整、数制转换、大小写字母转换等,常用的转换函数见表 4-10。

表 4-10　常用转换函数

| 函数名 | 功　能 | 实　例 | 结　果 |
|---|---|---|---|
| Asc(C) | 字符转换成 ASCII 码值 | Asc("A") | 65 |
| Chr(N) | ASCⅡ 码值转换成字符 | Chr(65) | "A" |
| Fix(N) | 舍弃 N 的小数部分,返回整数部分 | Fix(−3.5)<br>Fix(3.5) | −3<br>3 |
| Int(N) | 返回不大于 N 的最大整数 | Int(−3.5)<br>Int(3.5) | −4<br>3 |
| Round(N) | 对 N 四舍五入取整 | Round(3.5)<br>Round(−3.5) | 4<br>−4 |
| Hex(N) | 十进制转换成十六进制 | Hex(100) | 64 |
| Oct(N) | 十进制转换成八进制 | Oct(100) | 144 |
| LCase(C) | 大写字母转换为小写字母 | LCase("ABC") | "abc" |
| UCase(C) | 小写字母转换为大写字母 | UCase("abc") | "ABC" |
| Str(N) | 数值转换为字符串 | Str(123.45) | "123.45" |
| Val(C) | 数字字符串转换为数值 | Val("123AB") | 123 |

说明:

①Chr 和 Asc 函数是一对互为反函数,即 Chr(Asc(C))、Asc(Chr(N)) 的结果为原来各自自变量的值。例如表达式:Asc(Chr(32)) 的结果还是 32;而 Chr(Asc("M")) 的结果还是 "M"。

②Str 函数将非负数值转换成字符类型后,会在转换后的字符串左边增加空格即数值的符号位。例如表达式:Str(456)的结果是"456",而不是" 456",而 Str(-123)的结果为"-123"。

③Val 将数字字符串转换为数值类型,当字符串中出现数值类型规定的字符外的字符,则停止转换,函数返回的是停止转换前的结果。例如表达式:Val("-36.85ab3")结果为-36.85;同样表达式:Val("-123.45E3")结果为-123450,E 为指数符号。

### 4.3.5 字符串函数

从前面的 String 字符串类型的说明中知道,VB.NET 中字符串长度是以字(习惯称字符)为单位,也就是每个西文字符和每个汉字都作为一个字,占两个字节。这是因为 VB.NET 采用 Unicode(国际标准化组织 ISO 字符标准)来存储和操作字符串。

VB.NET 中字符串处理有两种方式:一种是保留和更新了 VB 6.0 版本提供的函数;另一种是用 System.String 类的成员函数。

#### 1)字符串函数

表 4-11 列出了常用字符串函数。

表 4-11　常用字符串函数

| 函数名 | 说　明 | 实　例 | 结　果 |
| --- | --- | --- | --- |
| InStr([N,]Cl,C2) | 在 Cl 中从 N(默认为 1)位置起找 C2,找不到返回 0 | InStr("EFABCDEFGM","EF") | 1 |
| Left(C,N) | 取出字符串左边 N 个字符 | Left("ABCDEFG",3) | "ABC" |
| Len(C) | 字符串长度 | Len("AB 高等教育") | 6 |
| Mid(C,Nl[,N2]) | 取字符子串,在 C 中从 N1 位开始向右取 N2 个字符,缺省 N2 到结束 | Mid("ABCDEFG",2,3) | "BCD" |
| Replace(C,Cl,C2) | 在 C 字符串中将 C2 替代 C1 | Replace("ABCDABCD","CD","2") | "AB2AB2" |
| Right(C,N) | 取出字符串右边 N 个字符 | Right("AB 高等教育",3) | "等教育" |
| Space(N) | 产生 N 个空格的字符串 | Space(3) | uuu |
| StrDup(N,C) | 产生 N 个 C 字符组成的字符串 | StrDup(5,"AM") | "AAAAA" |
| Trim(C) | 去掉字符串两边的空格 | Trim("uuuABCDuuu") | "ABCD" |

注:表格中的 u 表示空格

#### 2)String 类

VB.NET 中的 String 类是 System 命名空间的一部分。字符串处理的功能是通过成员函数来实现的。

使用 String 类函数的形式如下：

String 对象.成员函数(参数)

例如：

Dim si As String ＝ " Visual Basic.NET"

Label1.Text ＝ s1.IndexOf(" NET" )　'找第一个出现在 S 串中" NET" 的位置,并显示 13

Label2.Text ＝ InStr(sl," NET" )　　'等效的查找函数,并显示 14

注意：

IndexOf 成员函数与 InStr 函数字符串的起始位置记数有区别,前者第一个字符为 0,后者为 1。

表 4-12 列出 String 类中常用的成员函数的使用。表中均以如下变量来说明：

Dim c As String ＝ " ABCDEFGEFG"

**表 4-12　常用 String 函数**

| 成员函数 | 说　明 | 与上表等效函数 | 举　例 | 返回结果 |
|---|---|---|---|---|
| IndexOf (S) | 在串中找第一个出现 S 串的位置 | InStr | c.IndexOf (" EF" ) | 4 |
| Insert(N1,S) | 将 S 插入从第 N1 个字符开始位置 | 无 | c.Insert(3," ef" ) | " ABCefDEFGEFG" |
| Remove(N1,N2) | 从 N1 位置开始删除 N2 个字符 | 无 | c.Remove(3, 5) | " ABCFG" |
| Replace(S1,S2) | 用 S2 替换 S1 | Replace | c.Replace(" EFG" , " 2" ) | " ABCD22" |
| SubString(N1[ ,N2]) | 获取从 N1 位置开始的 N2 个字符子串 | Mid | c.Substring(3, 3) | " DEF" |

### 4.3.6　日期函数

VB.NET 中常用日期函数见表 4-13,对于日期类型变量,还可使用该变量对应的日期属性。

**表 4-13　常用日期函数**

| 函　数 | 说　明 | 实　例 | 结　果 |
|---|---|---|---|
| Now( ) | 返回系统日期和时间 | Now | 2020/7/30 19:41:25 |
| Year(D) | 返回年份 4 位整数 | Year(Now) | 2020 |
| Month(D) | 返回月份(1~12) | Month(Now) | 7 |

续表

| 函　数 | 说　明 | 实　例 | 结　果 |
|--------|--------|--------|--------|
| Day( ) | 返回日期(1~31) | Today·Day | 30 |
| Hour(D) | 返回小时(0~23) | Hour(Now) | 19 |
| Minute(D) | 返回分钟(0~59) | Minute(Now) | 41 |
| Second(D) | 返回秒(0~59) | Second(Now) | 25 |
| WeekDay(D) | 返回星期代号(1~7) | WeekDay(Now) | 5 即星期四 |

注意：

①使用 Day 函数时,要在前加 Microsoft.VisualBasic 命名空间限定该函数,是因为 System. Windows.Forms 命名空间也将 Day 定义为枚举。

②除了上述日期函数外,还有两个函数比较有用,由于其参数形式必须加以说明,因此专门介绍。

[**例4.8**]　报时器,程序设计和运行界面如图 4-18、图 4-19 所示。

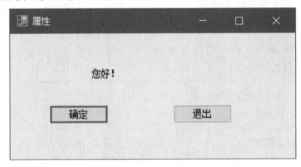

图 4-18　报时器的程序设计界面

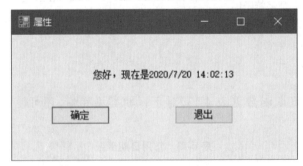

图 4-19　报时器的程序运行界面

程序代码：

```
Public Class Form1
    Private Sub Button1_Click( ByVal sender As System.Object, ByVal e As System.EventArgs) Handles Button1.Click
```

```
        Label1.Text = "您好,现在是" + Now( )
    End Sub
    Private Sub Button2_Click( ByVal sender As System.Object, ByVal e As System.EventArgs) Handles Button2.Click
        End
    End Sub
End Class
```

[例 4.9]　时间函数,程序运行界面如图 4-20 所示,要求编辑 Timer 控件以在 Label 中显示时间(需有读秒效果)。

图 4-20　时间函数的程序运行界面

程序代码:

```
Public Class Form1
    Private Sub Timer1_Tick( ByVal sender As System.Object, ByVal e As System.EventArgs) Handles Timer1.Tick
        Dim y, mon, d, h, min, s As Integer
        y = Year(Today)                    '求当前日期的年份
        mon = Month(Today)                 '求当前日期的月份
        d = DateAndTime.Day(Today)   '求当前日期是月份中的第几天
        Label1.Text = y & "年" & mon & "月" & d & "日"    '将年、月、日串接起来
        h = Hour(TimeOfDay)            '求当前时间的小时部分
        min = Minute(TimeOfDay)        '求当前时间的分钟部分
        s = Second(TimeOfDay)          '求当前时间的秒部分
        Label2.Text = h & "时" & min & "分" & s & "秒"          '将时、分、秒串接起来
    End Sub
End Class
```

### 4.3.7　其他实用函数

#### 1)Rnd 随机函数

Rnd 函数的形式如下:

Rnd( )或 Rnd (N)

功能:产生一个范围为[0,1),即小于 1 但大于或等于 0 的双精度随机数。N>0 或缺省

时,生成随机数,N< 0 生成与上次相同的随机数。

如果要产生某范围的整数值,其通用表达式为:Int(Rnd ∗ (上界−下界+1) +下界)。

例如,要产生一个 1~100 的成绩,表达式为:Int(Rnd ∗ 100+1)

VB.NET 用于产生随机数的公式取决于称为种子(Seed)的初始值。在默认的情况下,每次运行一个应用程序,VB.NET 提供相同的种子,即 Rnd 产生相同序列的随机数。为了每次运行时,产生不同序列的随机数,可执行 Randomize 函数,其作用就是初始化随机数生成器。Randomize 函数的形式如下:

Randomize( )

[例 4.10] 随机函数,程序设计和运行界面如图 4-21、图 4-22 所示,要求运用随机函数给出 100 以内的加法题目并进行计算。

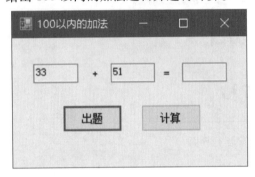

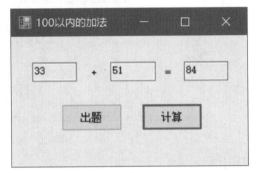

图 4-21 随机函数的程序设计界面      图 4-22 随机函数的程序运行界面

程序代码:

```
Public Class Form1
    Private Sub Button1_Click(ByVal sender As System.Object, ByVal e As System.EventArgs) Handles Button1.Click
        Randomize( )                                    '随机数生成器
        TextBox1.Text = Int(Rnd( ) ∗ 100 + 1)
        TextBox2.Text = Int(Rnd( ) ∗ 100 + 1)
        TextBox3.Clear( )
    End Sub
    Private Sub Button2 _ Click (ByVal sender As Object, ByVal e As System. EventArgs) Handles Button2.Click
        TextBox3.Text = Val(TextBox1.Text) + Val(TextBox2.Text)          '求和
    End Sub
End Class
```

[例 4.11] 随机字母,程序设计和运行界面如图 4-23、图 4-24 所示,要求运用随机函数在 Label 中显示随机字母。

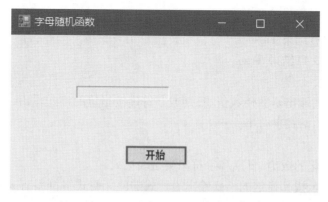

图 4-23　随机字母的程序设计界面

图 4-24　随机字母的程序运行界面

程序代码：

```
Public Class Form1
    Private Sub Button1_Click(ByVal sender As System.Object, ByVal e As System.EventArgs) Handles Button1.Click
        Dim i As Integer, c As Char
        Randomize()
        Label1.Text = " "
        For i = 1 To 10
            c = Chr(Int(Rnd() * 26 + 65))
            Label1.Text &= c & " "
        Next
    End Sub
End Class
```

2）IsNumeric 函数

IsNumeric 函数形式如下：

IsNumeric（表达式）

作用：判断表达式是否是数值数据，若是，返回 True；否则返回 False。该函数对输入的数值数据进行合法性检查很有用。

例如：

IsNumeric（123a）结果 False；

IsNumeric（-123.4）结果 True；

**3）格式输出函数**

使用 Format 格式输出函数使数值、日期或字符串按指定的格式输出，其形式如下：

Format（表达式,格式字符串）

其中：

表达式：要格式化的数值、日期和字符串类型表达式。

格式字符串：表示按其指定的格式输出表达式的值。格式字符串有 3 类：数值格式、日期格式和字符串格式，格式字符串要加引号。

函数的返回值是按规定格式形成的一个字符串。

本书仅列出常用的数值格式化，其他格式请查看 VB.NET 的帮助信息。数值格式化是将数值表达式的值按"格式字符串"指定的格式输出。有关格式及举例见表 4-14。

表 4-14 常用数值格式化

| 符　号 | 作　　用 | 数值表达式 | 格式化字符串 | 显示结果 |
|---|---|---|---|---|
| 0 | 实际数字小于符号位数，数字前后加 0，大于见说明 | 1234.567 | "00000.0000" | 01234.5670 |
| | | 1234.567 | "000.00" | 1234.57 |
| # | 实际数字小于符号位数，数字前后不加 0，大于见说明 | 1234.567 | "####.###" | 1234.567 |
| | | 1234.567 | "####.##" | 1234.57 |
| f | 千分位 | 1234.567 | "##,##0.0000" | 1234.5670 |
| % | 数值乘以 100,加百分号 | 1234.567 | "####.##%" | 123456.7% |
| $ | 在数字前强制加$ | 1234.567 | "　$ ###.##" | $ 1,234.57 |
| E+ | 用指数表示 | 0.1234 | "0.00E+00" | 1.23E-01 |

说明：对于符号"0"或"#"，相同之处是，若要显示数值表达式的整数部分位数多于格式字符串的位数，按实际数值显示；若小数部分的位数多于格式字符串的位数，按四舍五入显示。不同之处是，按其规定的位数显示，"#"对于整数前的 0 或小数后的 0 不显示。

**4）Shell 函数**

在 VB.NET 中，不但提供了可调用的内部函数，还可以调用各种应用程序，也就是凡是能在 DOS 下或 Windows 下运行的可执行程序，也可以在 VB.NET 中调用，这是通过 Shell 函数来实现。

Shell 函数的格式如下：

Shell（命令字符串[，窗口类型]）

其中：

命令字符串：要执行的应用程序名，包括路径，它必须是可执行文件（扩展名为.com、.exe、.bat）。

窗口类型：表示执行应用程序的窗口大小，0~4、6 的整型数值，一般取 1，表示正常窗口状态。

函数成功调用的返回值为一个任务标识 ID,它是运行程序的唯一标识。

[**例 4.12**]　Shell 函数的使用,程序运行界面如图 4-25 所示,要求正确使用 Shell 函数调用系统应用。

图 4-25　Shell 函数的程序运行界面

程序代码:

```
Public Class Form1
    Private Sub Button1_Click(ByVal sender As System.Object, ByVal e As System.EventArgs) Handles Button1.Click
        Shell("c:\windows\system32\calc.exe", vbNormalFocus)
End Sub
    Private Sub Button2_Click(ByVal sender As System.Object, ByVal e As System.EventArgs) Handles Button2.Click
        Shell("c:\Program Files\Windows NT\Accessories\wordpad.exe", vbNormalFocus)
    End Sub
    Private Sub Button3_Click(ByVal sender As System.Object, ByVal e As System.EventArgs) Handles Button3.Click
        Shell("c:\windows\system32\mspaint", vbNormalFocus)
    End Sub
    Private Sub Button4_Click(ByVal sender As System.Object, ByVal e As System.EventArgs) Handles Button4.Click
        Shell("c:\windows\system32\notepad.exe", vbNormalFocus)
    End Sub
End Class
```

注意事项:

①按钮图标需适当截取系统图标。

②计算器应用程序地址:c:\windows\system32\calc.exe;

写字板应用程序地址:c:\Program Files\Windows NT\Accessories\wordpad.exe;

画图应用程序地址：c:\windows\system32\mspaint；

记事本应用程序地址：c:\windows\system32\notepad.exe。

# 4.4 综合应用

随着 VB.NET 理论的逐渐深入，可以进行一些简单实用的程序的编制，以下结合本章所学的知识点以及与具体工程实践结合，设计了几个案例，供读者进行自主学习。

[**例 4.13**] 标准齿轮参数计算程序，程序设计和运行界面如图 4-26、图 4-27、图 4-28 所示，要求如下：

①使用 InputBox 输入参数。

②在 Label 中显示正确结果。

图 4-26 齿轮计算的程序设计界面一

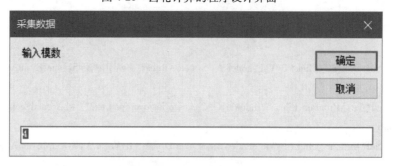

图 4-27 齿轮计算的程序设计界面二

图 4-28 齿轮计算的程序运行界面

程序代码：

```
Public Class Form1
    Private Sub Form1_Load(sender As Object, e As EventArgs) Handles MyBase.Load
        Dim cs, ms, x, y, z As Single
        cs = Val(InputBox("输入齿数", "采集数据", 32))
        ms = Val(InputBox("输入模数", "采集数据", 4))
        x = (cs + 2) * ms
        y = cs * ms
        z = x - (4.5 * ms)
        Label1.Text = "齿数为:" & cs & "模数为:" & ms & vbCrLf
        Label1.Text &= "齿顶圆直径为:" & x & vbCrLf
        Label1.Text &= "分度圆直径为:" & y & vbCrLf
        Label1.Text &= "齿根圆直径为:" & z
    End Sub
End Class
```

[例 4.14]　随机函数与文本框的配合使用,程序设计和运行界面如图 4-29、图 4-30、图 4-31 所示。

图 4-29　随机函数的程序设计界面一

图 4-30　随机函数的程序设计界面二

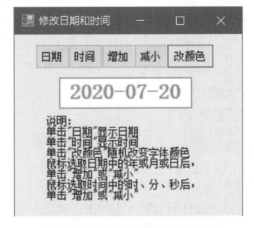

图 4-31　随机函数的程序运行界面

程序代码:

```
Public Class Form1
        Dim startpos, sLen As Short                    '存放选取文本的起始位置和字符个数
        Private Sub Button1_Click(ByVal sender As System.Object, ByVal e As System.EventArgs) Handles Button1.Click
                TextBox1.Text = Format(DateTime.Today, "yyyy-MM-dd")
        End Sub
        Private Sub Button2_Click(ByVal sender As System.Object, ByVal e As System.EventArgs) Handles Button2.Click
                TextBox1.Text = TimeOfDay.ToString("hh:mm:ss")
        End Sub
        Private Sub Button3_Click(ByVal sender As System.Object, ByVal e As System.EventArgs) Handles Button3.Click
                startpos = TextBox1.SelectionStart                '存放选取文本的起始位置
                sLen = TextBox1.SelectedText.Length               '存放选取文本的字符个数
                TextBox1.SelectedText = Format(Val(TextBox1.SelectedText) + 1, "00")    '选取的文本转换
                                                                                          为数值后加 1
                TextBox1.Focus()                                  '焦点定位在文本框 TextBox1
                TextBox1.SelectionStart = startpos                '选中刚才选取的文本
                TextBox1.SelectionLength = sLen
        End Sub
        Private Sub Button4 _ Click(ByVal sender As Object, ByVal e As System.EventArgs) Handles Button4.Click
                startpos = TextBox1.SelectionStart
                sLen = TextBox1.SelectedText.Length
                TextBox1.SelectedText = Format(Val(TextBox1.SelectedText) - 1, "00")
                TextBox1.Focus()
                TextBox1.SelectionStart = startpos
                TextBox1.SelectionLength = sLen
        End Sub
        Private Sub Button5_Click(ByVal sender As System.Object, ByVal e As System.EventArgs) Handles Button5.Click
                Dim r, g, b As Short
                Randomize()
                r = Int(Rnd() * 256)
                g = Int(Rnd() * 256)
                b = Int(Rnd() * 256)
                TextBox1.ForeColor = Color.FromArgb(r, g, b)
        End Sub
    End Class
```

[例 4.15]  选择控件,程序设计和运行界面如图 4-32、图 4-33 所示,要求将 RadioButton 和 GroupBox 合成为组控件,使之能改变字体。

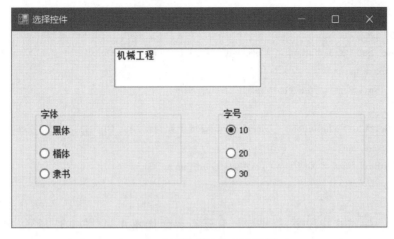

图 4-32　选择控件的程序设计界面

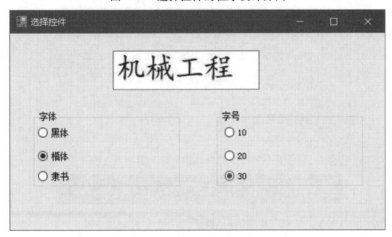

图 4-33　选择控件的程序运行界面

程序代码：

```
Public Class Form1
    Private Sub RadioButton1 _ CheckedChanged ( sender As Object, e As EventArgs ) Handles RadioButton1.CheckedChanged
        TextBox1.Font = New Font("黑体", TextBox1.Font.Size)
    End Sub
    Private Sub RadioButton2 _ CheckedChanged ( sender As Object, e As EventArgs ) Handles RadioButton2.CheckedChanged
        TextBox1.Font = New Font("楷体", TextBox1.Font.Size)
    End Sub
    Private Sub RadioButton3 _ CheckedChanged ( sender As Object, e As EventArgs ) Handles RadioButton3.CheckedChanged
        TextBox1.Font = New Font("隶书", TextBox1.Font.Size)
    End Sub
    Private Sub RadioButton4 _ CheckedChanged ( sender As Object, e As EventArgs ) Handles RadioButton4.CheckedChanged
```

```
        TextBox1.Font = New Font(TextBox1.Font.Name, 10)
    End Sub
    Private Sub RadioButton5 _ CheckedChanged ( sender As Object, e As EventArgs ) Handles
RadioButton5.CheckedChanged
        TextBox1.Font = New Font(TextBox1.Font.Name, 20)
    End Sub
    Private Sub RadioButton6 _ CheckedChanged ( sender As Object, e As EventArgs ) Handles
RadioButton6.CheckedChanged
        TextBox1.Font = New Font(TextBox1.Font.Name, 30)
    End Sub
End Class
```

[**例 4.16**]　字符查找程序,程序设计和运行界面如图 4-34、图 4-35 所示,要求程序能找出给定字符并报出位置。

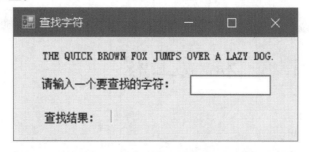

图 4-34　字符查找的程序设计界面

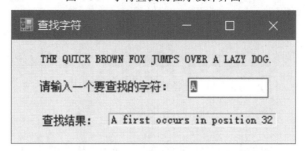

图 4-35　字符查找的程序运行界面

程序代码:

```
Public Class Form1
    Private Sub TextBox1_TextChanged( ByVal sender As System. Object, ByVal e As System. EventArgs)
Handles TextBox1.TextChanged
        Dim ch As Char, source As String      '将 Label1 内容存放在变量 source 中
        source = Label1.Text                  '将 TextBox1 中输入的字母转换为大写字母存在变量 ch 中
        ch = UCase(TextBox1.Text)             '输出
        lblResult.Text = ch & " first occurs in position" & Str( InStr( source, ch))
        '选中 TextBox1 中的文本
        TextBox1.SelectAll( )
    End Sub
End Class
```

思考题

1.程序处理的对象是什么？

2.VB.NET 的基本数据类型有哪些？

3.在 VB.NET 中,标识符可以对哪些进行命名？

4.简要说明标识符的命名规则。

5.VB.NET 中有哪些常量？各自的表现形式是什么？

6.简述变量有何特点。

7.简要说明声明变量的方法。

8.常用的输入方式有哪些？

9.VB.NET 中的运算符有哪几类？

10.表达式由哪几部分组成？

11.怎样声明一个符号常量？符号常量与变量的区别？

12.将数字字符串转换成数值,可以用哪些函数、方法？

13.取字符串中的某几个字符,用什么函数？String 类的函数是什么？

14.假设某职工应发工资 $x$ 元,试求各种票额钞票总张数最少的付款方案。

15.在文本框中输入 3 种商品的单价、购买数量,计算并输出所用的总金额。

# 第 **5** 章
# 流程控制结构

在进行了前面各章节的学习之后,读者已经知道,运用 VB.NET 解决问题,主要分两个步骤:一是用可视化编程技术设计应用程序界面;二是根据所要解决的问题,编写相应的程序代码。VB.NET 的开发环境融合了面向对象和结构化编程的两种思想。在界面设计时使用各种控件对象;在事件过程中使用结构化程序设计思想编写事件过程代码。

结构化程序设计的基本思想之一是"单入口和单出口"的控制结构,也就是程序代码只可由 3 种基本控制结构,即顺序结构、选择结构和循环结构组成,每种控制结构可用一个入口和一个出口的流程图表示。据此可容易编写出结构良好、易于阅读和调试的程序。

## 5.1 顺序结构

### 5.1.1 引例及分析

顺序结构就是各语句按出现的先后次序顺序执行,先看以下引例。

[**例 5.1**] 温度转换,编写一个摄氏和华氏温度转换的过程,程序运行界面如图 5-1、图 5-2、图 5-3 所示,要求运用 Val 函数;图 5-1 文本框初始状态为空白。

图 5-1 初始界面

当用户需要将摄氏温度转换为华氏温度时,在摄氏温度对应文本框中输入含有摄氏温度值的文本,点击:"摄氏转华氏→"按钮后,通过 Val 函数提取的数值,再由公式 $f = 9/5 * c + 32$ 运算,华氏温度对应文本框中就会出现由摄氏温度转换过来的值,结果如图 5-2 所示。同理,当华氏转摄氏时,只需要将要转换的温度输入在华氏对应的文本框中,点击"←华氏转摄氏"按钮即可,如图 5-3 所示。

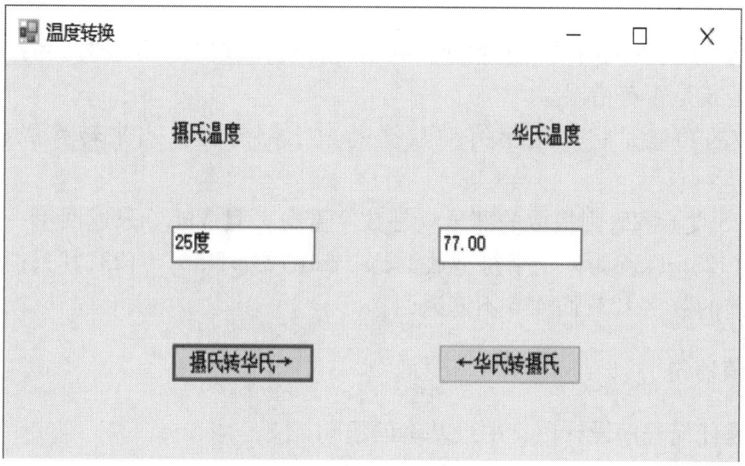

图 5-2　摄氏转华氏界面

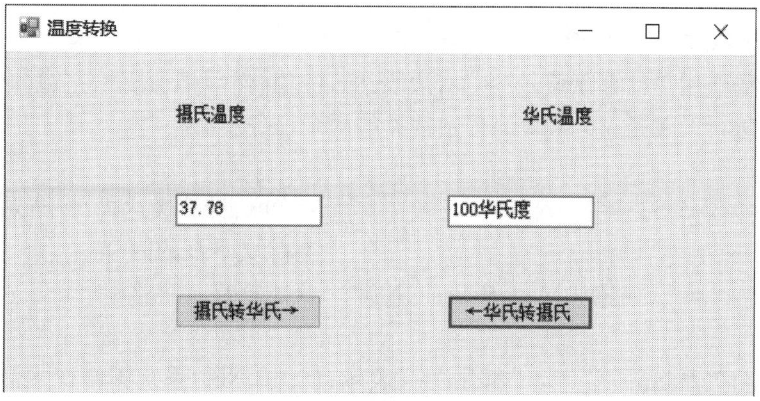

图 5-3　华氏转摄氏界面

程序代码:

```
Public Class Form1
    Private Sub Button1_Click(ByVal sender As System.Object, ByVal e As System.EventArgs) Handles Button1.Click
        Dim f!, c!
        c = Val(TextBox1.Text)
        f = 9 / 5 * c + 32
        TextBox2.Text = Format(f, "0.00")
    End Sub
    Private Sub Button2_Click(ByVal sender As System.Object, ByVal e As System.EventArgs) Handles Button2.Click
        Dim f!, c!
```

```
        f = Val(TextBox2.Text)
        c = 5 / 9 * (f − 32)
        TextBox1.Text = Format(c, "0.00")
    End Sub
End Class
```

注意：

①若调试运行中,发现用同一组数据测试温度转换,发现结果不一样,考虑两次运行过程中的温度转换公式是否有错误。

②Val 函数的功能是将一组字符型数据的数字部分提取出来转换成相应的数值型数据。

例如 Val(25 度)= 25,则提取的部分只是数字部分。且 Val( )只返回第一个非数字字符之前的数字,例 123bzf456 为一个字符型数据,则 Val(123bzf456)= 123,其只能返回第一个非数字字符 b 之前的数字 123,而 456 不能返回。

### 5.1.2　赋值语句

赋值语句是任何程序设计语言中最基本的语句。

**1)简单赋值语句**

形式如下:

变量名=表达式

赋值语句的作用是计算赋值号"="右边表达式的值,然后把值赋给左边的变量。给变量赋值和对属性进行设置是 VB.NET 编程中常见的两个任务。

例如:

```
y=3 * x+4 * x+5                           '已知 x,计算表达式,将结果赋值给变量 y
TextBoxl.Text = ""                        '清除文本框的内容
TextBoxl.Text = "欢迎使用 Visual Basic.NET"  '文本框显示字符串
```

注意:

①赋值号与关系运算符"等于"都用"="表示,但 VB.NET 系统不会产生混淆,它会根据所处的位置自动判断是何种意义的符号,即在条件表达式中判断为等于号,否则判断为赋值号。

例如,赋值语句 a=b 与 b=a 是两个结果不相同的赋值语句,而在关系表达式中,a=b 与 b=a两种表示方法是等价的。

②赋值号左边的变量只能是变量或控件属性名,不能是常量、常数符号、表达式。下面均为错误的赋值语句:

```
Now( )=x+y        左边是表达式,即内部函数的调用。
5=sqrt(s)+x+y     左边是常量。
x+y=3 左边是表达式。
```

**2)复合赋值语句**

在 VB.NET 中增加了复合赋值运算符,其作用可以简化程序代码,还可以提高对程序编译的效率。复合赋值运算符有:+=、−=、* =、\=、∕=、∧=和 &=。

复合赋值语句的形式为:变量名 复合赋值运算符 表达式

作用:计算赋值运算符右边表达式的值,然后与左边的变量进行相应的运算,最后赋值给变量。例如:

a * =b+4 等价于 a=a * (b+4)

**3)赋值和复合赋值语句的 3 种常用形式**

(1)累加

例如:

sum=sum+x 或 sum+=x

表示取变量 sum、x 中的值相加后再赋值给 sum,与循环结构结合使用,起到累加作用。假定 sum、x 的初值分别为 100 和 5,执行该语句后,sum 的值为 105。

(2)计数

例如:

n=n+l 或 n+=1 表示取变量 n 中的值加 1 后再赋值给 n,起到计数器作用。

(3)显示多行信息

由于 VB.NET 中的 Print 语句只能输出到磁盘,要在窗体上显示多行信息,一般是利用文本框、标签控件和"&="运算符来实现。例如:

TextBox1.Text = " Visual Basic.NET" & vbCrLf　'直接将右边字符串赋值给文本框

TextBox1.Text & =" 程序设计教程" &vbCrLf　'取文本框原来的内容,连接右边字符串后再赋值

[例 5.2]　编写一个计算商品总价的过程,程序设计和运行界面如图 5-4、图 5-5 所示,要求如下:

①在窗口中第一个文本框输入单价。

②第二个文本框中输入总的数量。

③点击计算总价得出结果。

④点击退出即计算结束。

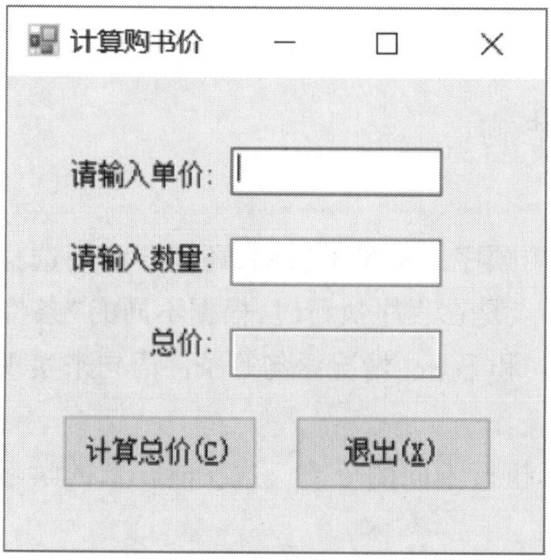

图 5-4　商品计算的程序设计界面 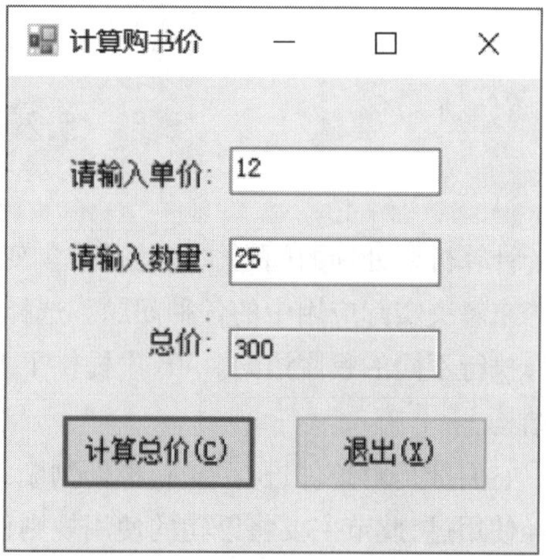　　　　图 5-5　商品计算的程序运行界面

程序代码:

```
Public Class Form1
    Private Sub Button1_Click(ByVal sender As System.Object, ByVal e As System.EventArgs) Handles Button1.Click
        ZJ.Text = Val(DJ.Text) * Val(SL.Text)
    End Sub
    Private Sub Button2_Click(ByVal sender As Object, ByVal e As System.EventArgs) Handles Button2.Click
        End
    End Sub
End Class
```

注意:合理命名文本框名称可以减少变量的使用。

**4)赋值号两边类型不同时的处理**

①当表达式为数值类型并与变量精度不同时,表达式的值将强制转换成左边变量的精度。

例如:n% = 3.5　'n 为整型变量,转换时四舍五入取整,所以 n 的结果为 4

②当表达式是数字字符串,左边变量是数值类型,自动转换成数值类型再赋值,当表达式有非数字字符或空串时,则出错。

例如:n% = "123"　'n 中的结果是 123,与 n% = Val("123")效果相同

n% = "la23"或 n% = ""　'引发运行时出现异常

③当逻辑类型赋值给数值类型时,True 转换为 1, False 转换为 0;反之当数值类型赋值给逻辑类型时,非 0 转换为 True,0 为 False。

④任何非字符类型赋值给字符类型,自动转换为字符类型。

为保证程序的正常运行,一般利用类型转换函数将表达式的类型转换成左边变量的类型。

# 5.2　选择结构

计算机要处理的问题往往是复杂多变的,仅采用顺序结构是不够的,还需要利用选择结构等来解决实际应用中的各种问题。选择结构的特点是在程序执行时,根据不同的"条件",选择执行不同的程序语句。VB 中提供了 If 条件语句和 Select 情况语句等条件语句来实现选择结构。

它们都是对条件进行判断,根据判断结果,选择执行不同的分支。这在前几章的学习中已经使用过,此节主要将语句的使用规则作说明。

## 5.2.1　引例及分析

[**例 5.3**]　编写一个提取出三个数字中最大和最小的数字的程序,程序运行界面如图 5-6

和图 5-7 所示,要求如下:

①在初始状态下,点击窗体,开始输入第一个数,如 2。

②点击确定,输入第二个数,如 6。

③再次点击确定,输入第三个数,如 9。

④提取出最大的数和最小的数。

图 5-6　最大、最小值程序的初始状态

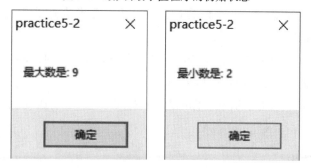

图 5-7　最大、最小值程序的运行结果

程序代码:

```
Public Class Form1
    Private Sub Form1_Click(ByVal sender As Object, ByVal e As System.EventArgs) Handles Me.Click
        Dim a, b, c, max, min As Single
        a = InputBox("请输入第一个数")
        b = InputBox("请输入第二个数")
        c = InputBox("请输入第三个数")
        '求最大数
        Max = a
        If b > Max Then Max = b
        If c > Max Then Max = c
        MsgBox("最大数是:" & Str(Max))
        '求最小数
        Min = a
        If b < Min Then Min = b
```

```
        If c < Min Then Min = c
        MsgBox("最小数是:" & Str(Min))
    End Sub
End Class
```

### 5.2.2 单分支和双分支结构

If 条件语句有多种形式:单分支、双分支和多分支等。

If …Then 语句(单分支结构)

语句形式如下:

①If 表达式 Then

语句块

End If

②If 表达式 Then 语句

其中:

表达式:一般为关系表达式、逻辑表达式,也可为算术表达式。表达式值按照非零为 True,零为 False 进行判断。

语句块:可以是一条或多条语句。若用形式②的简单表示,则只能是一条语句;当多语句时,语句间用冒号分隔,而且必须在一行上书写。

该语句的作用是当表达式的值为 True 时,执行 Then 后面的语句块(或语句),否则不做任何操作。

### 5.2.3 多分支结构

双分支结构只能根据条件的 True 和 False 决定处理两个分支中的其中一个。当实际处理的问题有多种条件时,就要用到多分支结构。

语句形式如下:

If 表达式 1 Then

语句块 1

ElseIf 表达式 2 Then

语句块 2

…

[Else

语句块 n+1]

End If

[例 5.4]　编写一个判断一串整数能否被同时被 3、5、7 整除的程序,运行界面如图 5-8、图 5-9 和图 5-10 所示,要求如下:

①在初始状态,输入框中输入一串整数。

②点击判断,得出判断结果。

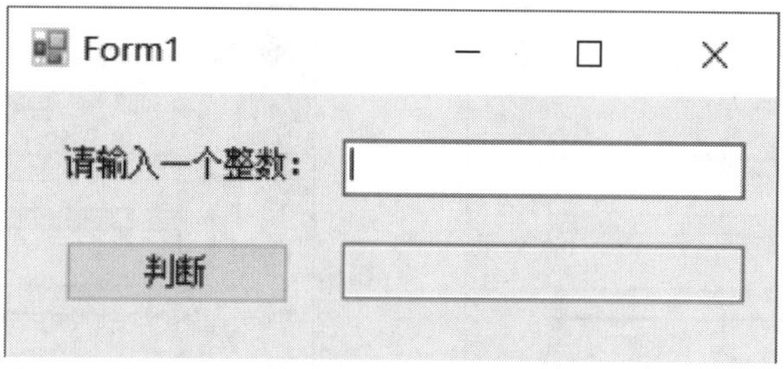

图 5-8　整除程序的初始状态

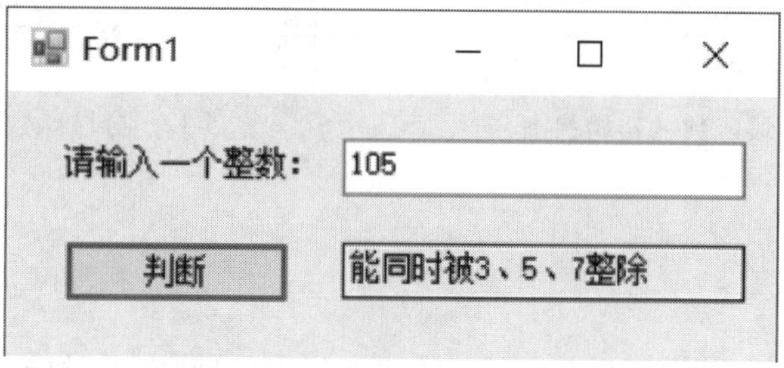

图 5-9　整除程序的运行状态

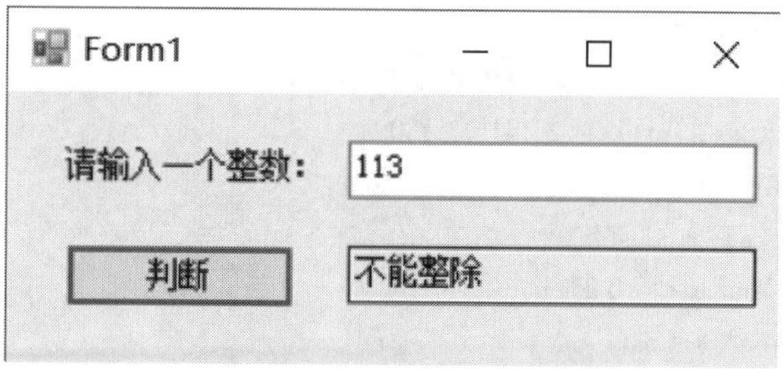

图 5-10　整除程序的运行结果

程序代码：

```
Public Class Form1
    Private Sub Button1_Click(ByVal sender As System.Object, ByVal e As System.EventArgs) Handles Button1.Click
        Dim x As Integer
        x = Val(TextBox1.Text)
        If x Mod 3 = 0 And x Mod 5 = 0 And x Mod 7 = 0 Then TextBox2.Text = "能同时被3、5、7 整除" Else TextBox2.Text = "不能整除"
    End Sub
End Class
```

[例 5.5]　编写一个根据变量的大小求取分段函数值的过程,程序运行界面如图 5-11、图 5-12 所示,要求如下：

①程序初始状态填入 a,b 的值。

②点击计算即得函数 y 值。y 值以 0.0000 的格式显示。

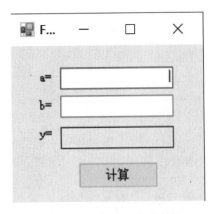 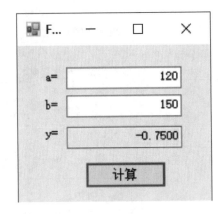

图 5-11　分段函数的初始状态　　　　图 5-12　分段函数的运行结果

程序代码：

```
Imports System.Math
Public Class Form1
    Private Sub Button1_Click(ByVal sender As System.Object, ByVal e As System.EventArgs) Handles Button1.Click
        Dim a, b, y As Single
        a = Val(TextBox1.Text) * 3.1416 / 180
        b = Val(TextBox2.Text) * 3.1416 / 180
        If a > 0 And b > 0 Then
            y = Sin(a) * Cos(b)
        ElseIf a > 0 And b <= 0 Then
            y = Sin(a) + Cos(b)
        Else
            y = Sin(a) - Cos(b)
        End If
        TextBox3.Text = Format(y, "0.0000")
    End Sub
End Class
```

[**例 5.6**]　编写一个根据月收入计算税款的程序(旧版 3 500 元个税起征点)，程序运行界面如图 5-13、图 5-14 所示，要求如下：

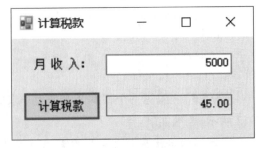

图 5-13　计算税款的初始状态　　　　图 5-14　计算税款的运行结果

①初始状态直接输入月收入。

②点击计算税款得出应缴纳税款,结果以 0.00 的格式显示。

程序代码:

```
Public Class Form1
    Private Sub Button1_Click(ByVal sender As System.Object, ByVal e As System.EventArgs) Handles Button1.Click
        Dim a, b As Single
        a = Val(TextBox1.Text)
        If a <= 3500 Then
            b = 0
        ElseIf a > 3500 And a < 5000 Then
            b = (a - 3500) * 0.03
        ElseIf a >= 5000 And a < 8000 Then
            b = 1500 * 0.03 + (a - 5000) * 0.1
        Else
            b = 1500 * 0.03 + 3000 * 0.1 + (a - 8000) * 0.2
        End If
        TextBox2.Text = Format(b, "0.00")
    End Sub
End Class
```

### 5.2.4　Select Case 语句

在使用多分支结构时,有时更方便的方法是用 Select Case 语句。Select Case 语句又称情况语句,是多分支结构的另一种表示形式,这种语句条件表示直观,但必须按其规定的语法规则书写。

Select Case 语句形式如下:

Select Case 表达式

Case 表达式列表 1

语句块 1

Case 表达式列表 2

语句块 2

…

[Case Else

语句块 n+1]

End Select

其中:

表达式:可以是数值型或字符串表达式。

表达式列表:与表达式的类型必须相同,可以是下面 4 种形式之一。

①表达式,例,"a"。

②一组用逗号分隔的枚举值,例"a","b","c","d"。

③表达式 1 To 表达式 2,例,1 To 10。

④Is 关系运算符表达式,例,Is >=60。

第 1 种形式与某个值比较,后 3 种形式与设定值的范围比较;4 种形式可以在数据类型相同的情况下,可以混合使用。例如:

2,4,6,8,Is>10   '表示测试表达式的值为 2,4,6,8 或大于 10

Select 语句其作用是先对"表达式"求值,然后从上到下查找该值与哪个 Case 子句中的"表达式列表"相匹配来决定执行哪一组语句块。如果有多个 Case 短语中的值与测试表达式的值匹配,则根据自上而下判断原则,只执行第一个与之匹配的语句块。

[例 5.7]   编写一个鼠标单机窗体,窗体信息随当前时间发生变化的程序,程序运行界面如图 5-15 所示,要求如下:

①窗体在初始状态,显示单机窗体信息。

②单机窗体部分,信息更新。(单机窗体时,当前时间为下午,则显示下午好!)

图 5-15   单机窗体信息的运行结果

程序代码:

```
Public Class Form1
    Private Sub Form1_Click(ByVal sender As Object, ByVal e As System.EventArgs) Handles Me.Click
        Select Case Hour(Now)
            Case 0, 1, 2, 3, 4, 5, 6, 7, 8, 9, 10, 11
                Me.Text = "早上好!"
            Case 12
                Me.Text = "中午好! "
            Case 13, 14, 15, 16, 17
                Me.Text = "下午好! "
            Case Else
                Me.Text = "晚上好!"
        End Select
    End Sub
End Class
```

注意:

点击窗体部分尽量不要点击纯白区域,双击会产生窗体最大、最小化之间的变化。

[**例 5.8**] 编写一个可以查询 2020 年某月的天数的程序,程序运行界面如图 5-16 所示,要求如下:

①在初始状态,点击开始查询。

②在输入框中输入需要查询的月份。

③点击查询,得出该月份天数。

④当不小心输入数值错误时,提示"请检查输入数据是否正确"。

图 5-16 月份天数的运行结果

程序代码:

```
Public Class Form1
    Private Sub Button1_Click(ByVal sender As System.Object，ByVal e As System.EventArgs) Handles Button1.Click
        Dim month As Single
        month = Val(InputBox("输入月份　"))
        Select Case month
            Case 1，3，5，7，8，10，12
                Label1.Text = "当月有 31 天
            Case 4，6，9，11
                Label1.Text = "当月有 30 天
            Case 2
                Label1.Text = "当月有 28 天
            Case Else
                Label1.Text = "请检查输入数据是否正确
        End Select
    End Sub
End Class
```

[**例 5.9**] 编写一个根据分数评定成绩等级的程序,运行程序界面如图 5-17 所示,要求如下:

①在输入框中输入成绩。

②点击评分,评出成绩等级。

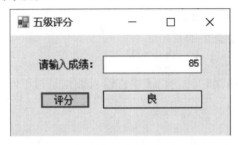

图 5-17　分数评定成绩的运行结果

程序代码:

```
Public Class Form1
    Private Sub Button1_Click(ByVal sender As System.Object, ByVal e As System.EventArgs) Handles Button1.Click
        Dim x As Integer
        x = Val(TextBox1.Text)
        Select Case x
            Case Is < 0, Is > 100
                TextBox2.Text = ""
                MsgBox("输入的数据超出范围,请重新输入")
                TextBox1.Focus()
                TextBox1.SelectAll()
            Case Is >= 90
                TextBox2.Text = "优"
            Case Is >= 80
                TextBox2.Text = "良"
            Case Is >= 70
                TextBox2.Text = "中"
            Case Is >= 60
                TextBox2.Text = "及格"
            Case Else
                TextBox2.Text = "不及格"
        End Select
    End Sub
End Class
```

### 5.2.5　选择结构的嵌套

选择结构的嵌套是指把一个选择结构放入另一个选择结构之内。如果在 If…Then 语句中的语句块 1 或语句块 2 中又包含一个 If…Then 语句或者 Select Case 语句;同样 Select Case

语句中的各语句块中又包含一个 If...Then 语句或者 Select Case 语句。

例如在 Then、Else 后均有 If 语句的形式如下：

If <表达式 1> Then

If <表达式 11>Then 语句块 11 End If

Else

If <表达式 21> Then 语句块 21 End If End If

对于嵌套的结构，要注意以下几点：

①对于嵌套结构，为了增强程序的可读性，书写时采用锯齿形。

②在 VB.NET 中，系统提供了自动配对的功能，即当输入"If 表达式 1 Then"按回车后，系统自动增加"End IF"语句；同样当输入"Select Case 变量或表达式"按回车键后，系统自动增加"End Select"语句。

[例 5.10]　编写一个输入密码后进入系统的程序，程序运行界面如图 5-18、图 5-19 和图 5-20所示，要求如下：

①在初始状态文本框中输入密码。

②输入正确密码，进入系统，显示运行界面 2。

③输入错误时，当前打开的窗体显示："口令错，请重新输入"。

④输入口令错误两次及以上，对话框提示："对不起，您不能使用本系统"。

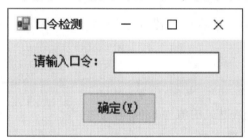
图 5-18　登录系统的初始状态

图 5-19　登录系统的运行状态

图 5-20　登录系统的运行结果

程序代码：

```
Public Class Form1
    Dim I As Integer, kl As String
    Private Sub Button1_Click(ByVal sender As System.Object, ByVal e As System.EventArgs) Handles Button1.Click
```

```
        kl = UCase(Trim(TextBox1.Text))
        If kl = "ABCD" Then
            I = 0
            Form2.Show()
        Else
            If I >= 2 Then
                MsgBox("对不起,您不能使用本系统")
                End
            Else
                Me.Text = "口令错,请重新输入"
                I = I + 1
                TextBox1.Focus()
                TextBox1.SelectAll()
            End If
        End If
    End Sub
End Class
```

### 5.2.6 条件函数

VB.NET 中提供的条件函数:IIf 函数和 Choose,前者可代替 If 语句,后者可代替 Select Case 语句,均适用于简单条件的判断场合。

(1)IIf 函数

IIf 函数形式是:

IIf(表达式,当表达式的值为 True 时的值,当表达式的值为 False 时的值)

作用:IIf 函数是 If…Then…Else 选择结构的简单表示。

例如,求 x、y 中值大的数,存入变量 Tmax 中,语句如下:

Tmax = IIf(x > y, x, y)

该语句与如下语句等价:

If x > y Then Tmax = x Else Tmax = y

(2)Choose 函数

Choose 函数形式是:

Choose(整数表达式,选项列表)

作用:Choose 根据整数表达式的值来决定返回选项列表中的某个值。如果整数表达式值是 1,则 Choose 会返回列表中的第 1 个选项。如果整数表达式值是 2,则会返回列表中的第 2 个选项,依次类推。若整数表达式的值小于 1 或大于列出的选项数目时,Choose 函数返回 Null。例如,根据 Nop 是 1~4 的值,依次转换成+、−、×、÷运算符的语句如下:

Nop = In(Rnd * 4 + 1)

Op = Choose(Nop, "+", "−", "×", "÷")

当 Nop 值为 1 时,函数返回字符"+",存入变量 Op 中;当 Nop 值为 2 时值,函数返回字符"−",依次类推。本例随机产生的 Nop 值在 1~4,函数不可能返回 Null 值。

### 5.2.7 选择控件与分组控件

在程序运行过程中,需要用户在界面上作出选择时,可以使用单选按钮或复选框;当有多组单选按钮或复选框时,可使用分组控件对它们进行分组。本节主要介绍这些控件的使用。

**1) 单选按钮( RadioButton )**

窗体上要显示一组互相排斥的选项,以便让用户选择其中一个时,可使用单选按钮。例如考试时的单选题有 A、B、C、D 4 项,考生只能选择其中一项。

(1)主要属性

单选按钮的主要属性有 Text 和 Checked,Text 属性的值是单选按钮上显示的文本。Checked 属性为 Boolean,表示单选按钮的状态:True,表示被选定;False,表示未被选定,默认值。

(2)主要事件

单选按钮的主要事件有 Click 和 CheckedChanged 事件。当用户点击按钮后,该按钮触发 Click 事件;当某个单选按钮的状态( Checked 属性)发生变化,也触发其 CheckedChanged 事件。

**2) 复选框( CheckBox )**

窗体上显示一组选项,允许用户选择其中一个或多个时,可使用复选框。这类似于考试时的多选题。

(1)主要属性

复选框的主要属性除了与单选按钮相同的 Text、Checked 外,还增加了 CheckState 属性,表示复选框的 3 种状态:Unchecked,未被选定,默认值;Checked,被选定;Indeterminate,无效。

(2)主要事件

与单选按钮一样,复选框也有 Click 和 CheckedChanged 事件。

**3) 分组( GroupBox )**

单选按钮的一个特点是当选定其中一个时,其余的按钮会自动处于未被选定状态。当需要在同一个窗体中建立几组相互独立的单选按钮时,就需要用分组控件将每一组单选按钮框起来。这样,在一个分组内的单选按钮将其分为一组,对它们的操作不会影响该组以外的单选按钮。另外,对于其他类型的控件用分组控件,可提供视觉上的区分和总体的激活或屏蔽特性。

当移动、复制、删除分组控件时,或对该控件进行 Enabled、Visible 属性设置时,也同样作用于该组内的其他控件。

(1)分组控件的操作

创建:在窗体上先建立分组控件,然后将各控件放置其中。

移动:首先选中分组控件,拖动到所需位置就可。删除和复制操作类似。

最主要属性是 Text,其值是分组边框上的标题文本。若 Text 属性为空字符串,则为封闭的矩形框。

分组控件可以响应 Click 和 DoubleClick 事件,但一般不编写事件过程。

[例 5.11] 编写一个设置文字字体和字号的程序,程序运行界面如图 5-21、图 5-22 所示,要求如下:

①在文本框输入文字内容。

②在第一个编组框中设置有黑体、楷体和隶书字体。

③在第二个编组框中设置有 10、20 和 30 字号。

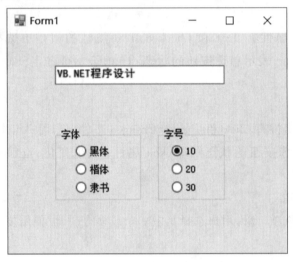

图 5-21 字体字号设置的初始状态

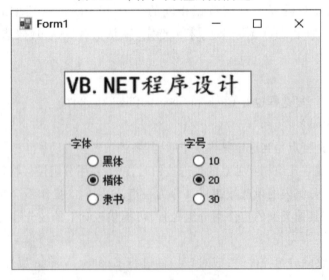

图 5-22 字体字号设置的运行结果

程序代码：

```
Public Class Form1
    Private Sub RadioButton1_Click(ByVal sender As Object, ByVal e As System.EventArgs) Handles RadioButton1.Click, RadioButton2.Click,
        RadioButton3.Click, RadioButton4.Click, RadioButton5.Click, RadioButton6.Click
        Dim fontname $ = "黑体", fontsize% = 10
        If RadioButton1.Checked Then fontname = "黑体"
        If RadioButton2.Checked Then fontname = "楷体"
        If RadioButton3.Checked Then fontname = "隶书"
        If RadioButton4.Checked Then fontsize = 10
        If RadioButton5.Checked Then fontsize = 20
        If RadioButton6.Checked Then fontsize = 30
        TextBox1.Font = New Font(fontname, fontsize)
    End Sub
End Class
```

注意：

Private Sub 处代码是 RadioButton1_Click，而不是 RadioButton1_CheckedChanged，要在右上角组框中选择，重新编辑。

［例 5.12］ 运用 If 语句编写一个大学计算机选课的程序，运行界面如图 5-23、图 5-24 所示，要求如下：

①每一位同学必选"大学计算机"课程。

②在"VB.NET 程序设计""C/C++程序设计""C#程序设计"3 门课程中必选 1 门。

③在"CheckBox1""CheckBox2""CheckBox3""CheckBox4"中，任选 1~2 门。

④点击"确定"，文本框中显示选课的课程。

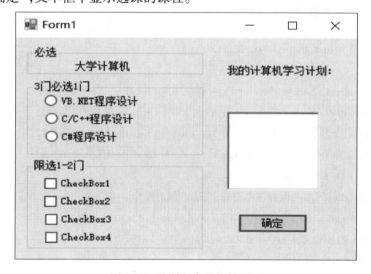

图 5-23 选课程序的初始界面

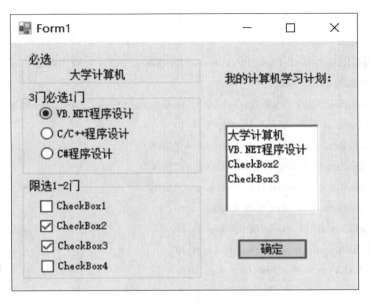

图 5-24　选课程序的运行结果

程序代码：

```
Public Class Form1
    Private Sub Button1_Click(ByVal sender As System.Object, ByVal e As System.EventArgs) Handles But-
ton1.Click
        Dim s As String, n As Integer = 0
        s = Label1.Text & vbCrLf
        If (RadioButton1.Checked) Then
            s &= RadioButton1.Text & vbCrLf
        ElseIf (RadioButton2.Checked) Then
            s &= RadioButton2.Text & vbCrLf
        Else
            s &= RadioButton3.Text & vbCrLf
        End If
        If CheckBox1.Checked Then n = n + 1 : s &= CheckBox1.Text & vbCrLf
        If CheckBox2.Checked Then n = n + 1 : s &= CheckBox2.Text & vbCrLf
        If CheckBox3.Checked Then n = n + 1 : s &= CheckBox3.Text & vbCrLf
        If CheckBox4.Checked Then n = n + 1 : s &= CheckBox4.Text & vbCrLf
        If n < 1 Or n > 2 Then
            MsgBox("限选课程不符合规定,请重新选课")
            CheckBox1.Checked = 0 : CheckBox2.Checked = 0
            CheckBox3.Checked = 0 : CheckBox4.Checked = 0
            Exit Sub
        Else
            RichTextBox1.Text = s
```

```
            End If
        End Sub
End Class
```
注意：

当用户在选择或者操作不当时，可以调用 MsgBox（Message Box），弹出提醒对话框。

## 5.3　循环结构

计算机的主要功能之一就是按规定的条件，重复执行某些操作。例如，按照人口某增长率统计人口数；根据各课程的学分、绩点和学生的成绩，统计每个学生的平均绩点等。这类问题都可通过循环结构来方便地实现。VB.NET 中提供了两种类型的循环语句：一种是计数循环 For 语句；另一种是条件型循环语句。

### 5.3.1　引例及分析

利用循环结构解决重复计算的问题，在 VB.NET 中有两类语句来实现，一类为 For…Next 语句，常用于预知循环次数的场合；另一类是 Do…Loop 语句，常用于未知循环次数场合。

### 5.3.2　For 循环结构

For 循环语句又称计数型循环语句，形式如下：

For 循环变量＝初值 To 终值［Step 步长］

循环体

Next 循环变量

其中：

循环变量：数值型，被用作控制循环计数作用的变量。

初值、终值：数值型，确定循环的起、止值。

步长：数值型、可选项。一般为正，初值小于等于终值；若为负，这时初值应大于等于终值；默认时步长为 1。

循环体：可以是一条或多条语句。

循环次数：n＝int（（终值－初值）/步长 ＋ 1）

该语句执行的过程如下。

①循环变量被赋初值，它仅被赋值一次。

②判断循环变量是否在终值内，如果是，执行循环体；如果否，结束循环，执行 Next 的下一语句。

③循环变量加步长，转②，继续循环。

[**例 5.13**] 编写一个求 $1×3×5×7×\cdots×(2n-1)$ 的程序,程序运行界面如图 5-25 和图 5-26 所示,要求如下:

①初始状态输入 $n$ 值。(例如 6)

②点击计算,得出结果。

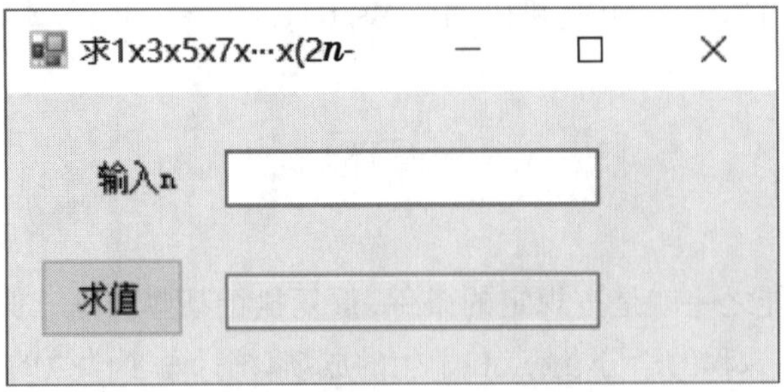

图 5-25 连乘程序的初始状态

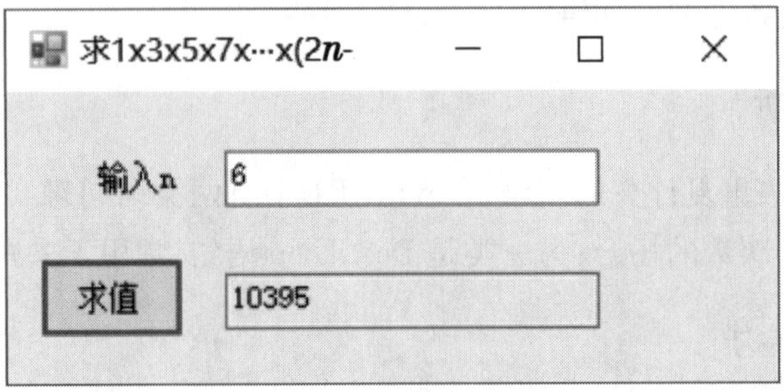

图 5-26 连乘程序的运行结果

程序代码:

```
Public Class Form1
    Private Sub Button1_Click(ByVal sender As System.Object, ByVal e As System.EventArgs) Handles Button1.Click
        Dim n As Integer, f As Long
        n = Val(TextBox1.Text)
        f = 1
        For i = 1 To n
            f = f * (2 * i - 1)
        Next i
        TextBox2.Text = f
    End Sub
End Class
```

[**例 5.14**] 编写一个数列 $\dfrac{2}{1}, \dfrac{3}{2}, \dfrac{5}{3}, \dfrac{8}{5}, \cdots$ 前 20 项和的程序,程序运行界面如图 5-27、图 5-28 所示,要求如下:

①初始状态单机窗体。

②计算出前 20 项和。

图 5-27　数列求和程序的初始状态

图 5-28　数列求和程序的运行结果

程序代码:

```
Public Class Form1
    Private Sub Form1_Click(ByVal sender As Object, ByVal e As System.EventArgs) Handles Me.Click
        Dim a, b, c, i As Integer, s As Double
        a = 2
        b = 1
        s = 0
        For i = 1 To 20
            s = s + a / b
            c = a
            a = a + b
            b = c
        Next i
        MsgBox("和为:" & s)
    End Sub
    Private Sub Form1_Load(ByVal sender As System.Object, ByVal e As System.EventArgs) Handles My-
Base.Load

    End Sub
End Class
```

[**例 5.15**]　编写一个数列求和的程序 sum = 5+55+555+5555+…+55555+…, 其中 5 的最高项的个数由界面输入 $n$ 决定, 程序运行界面如图 5-29、图 5-30 所示, 要求如下:

①初始状态点击输入 $a$ 和 $n$ 并求和。

②输入 $a$。

③输入 $n$。

图 5-29　数列求和的初始状态

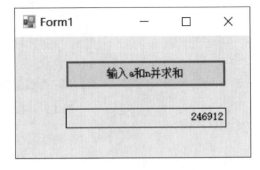

图 5-30　数列求和的运行结果

程序代码：

```
Public Class Form1
    Private Sub Button1_Click(ByVal sender As System.Object, ByVal e As System.EventArgs) Handles Button1.Click
        Dim a, n, item, sum As Integer
        a = Val(InputBox("请输入 a"))
        n = Val(InputBox("请输入 n"))
        sum = 0
        item = 0
        For j = 1 To n
            item = item * 10 + a
            sum = sum + item
        Next j
        TextBox1.Text = sum
    End Sub
End Class
```

### 5.3.3　Do…loop 循环结构

Do 循环常用于控制循环次数未知的循环结构,此种语句有以下两种语法形式：

形式一：

Do[{While/Until} 条件表达式]

　　循环体

Loop

形式二：

Do

循环体

Loop〔｛While/Until｝条件表达式〕

其中：

①形式 1 为先判断后执行,有可能循环体一次也不执行;形式 2 为先执行后判断,至少执行一次循环体。

②While 用于指明条件表达式值为 True 时就执行循环体;Until 正好相反。

当省略了｛While/Until｝<条件>子句,即循环结构仅由 Do…Loop 关键字构成,表示无条件循环,这时在循环体内应该有退出循环的语句,否则为死循环。

[**例 5.16**]　编写一个循环算法的计算程序,计算公式为

$$s = 1 + x + \frac{x^2}{2!} + \frac{x^3}{3!} + \cdots + \frac{x^{20}}{20!}$$

程序运行界面如图 5-31、图 5-32 所示,要求如下:

①初始状态输入 $x$ 值。

②根据 For 循环语句,求出第 20 项数据结果。

③根据 While 循环语句,求出最后一项小于 10E-6 时的结果。

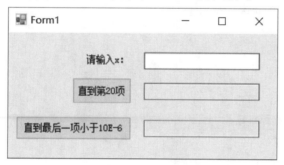

图 5-31　循环算法程序的初始状态

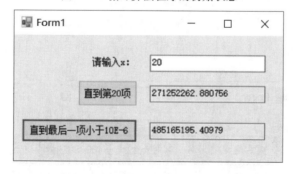

图 5-32　循环算法程序的运行结果

程序代码:

```
Public Class Form1
    Private Sub Button1_Click(ByVal sender As System.Object, ByVal e As System.EventArgs) Handles Button1.Click
        Dim x, s, t As Double, i As Integer
```

```
        s = 1
        t = 1
        x = Val(TextBox1.Text)
        For i = 1 To 20
            t = t * x / i
            s = s + t
        Next i
        TextBox2.Text = s
    End Sub
    Private Sub Button2_Click(ByVal sender As System.Object, ByVal e As System.EventArgs) Handles Button2.Click
        Dim x, s, t As Double, i As Integer
        s = 1
        t = 1
        x = Val(TextBox1.Text)
        i = 1
        Do While t > 0.000001
            t = t * x / i
            s = s + t
            i = i + 1
        Loop
        TextBox3.Text = s
    End Sub
End Class
```

[**例 5.17**]　编写一个正奇数相乘结果大于 40 万的最小值的程序,程序运行界面如图 5-33、图 5-34 所示,要求如下:

①点击求值按钮。

②输出结果。

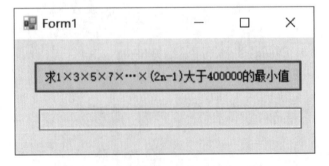

图 5-33　正奇数相乘程序的初始状态

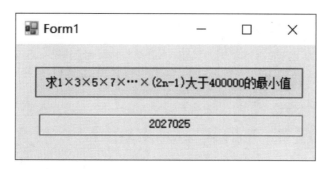

图 5-34　正奇数相乘程序的运行结果

程序代码:

Public Class Form1

　　Private Sub Form1_Load(ByVal sender As System.Object, ByVal e As System.EventArgs) Handles My-Base.Load

　　End Sub


　　Private Sub Button1_Click(ByVal sender As System.Object, ByVal e As System.EventArgs) Handles Button1.Click

```
Dim i, f As Integer
f = 1
i = 1
Do While f <= 400000
    f = f * i
    i = i + 2
Loop
TextBox1.Text = f
```

　　End Sub

End Class

[**例 5.18**]　编写一个 $s = 1 + 2^2 + 3^3 + 4^4 + \cdots + (i-1)^{(i-1)}$ 的程序,满足条件是 $s<100000$。程序运行界面如图 5-35、图 5-36 所示,要求如下:

①初始状态点击"求值"按钮。

②输出结果。

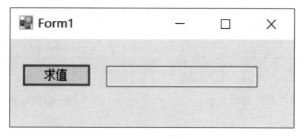

图 5-35　求和程序的初始状态

图 5-36 求和程序的运行结果

程序代码:

```
Public Class Form1
    Private Sub Button1_Click(ByVal sender As System.Object, ByVal e As System.EventArgs) Handles Button1.Click
        Dim i, s As Integer
        i = 0
        s = 0
        Do While s < 100000
            i = i + 1
            s = s + i ^ i
        Loop
        s = s - i ^ i
        TextBox1.Text = s
    End Sub
End Class
```

[**例 5.19**]　编写一个通过级数计算的 $\sin(x)$ 的函数

$$\sin x = \frac{x}{1} - \frac{x^3}{3!} + \frac{x^5}{5!} + \cdots + (-1)^{n-1} \frac{x^{(2n-1)}}{(2n-1)!}$$

要求:最后一项绝对值小于 0.00001 为止。

程序运行界面如图 5-37、图 5-38 所示,要求如下:

①初始状态在文本框输入 $x$ 值。

②输入的 $x$ 值为角度制,程序运行后转化成弧度制。

③点击"求 $\sin(x)$"按钮,输出结果。

图 5-37　级数计算程序的初始状态

图 5-38　级数计算程序的运行结果

程序代码:

```
Public Class Form1
    Private Sub Button1_Click(ByVal sender As System.Object, ByVal e As System.EventArgs) Handles But-
```

```
ton1.Click
        Dim x, sinx, t1, t2 As Double, n As Integer
        x = Val(TextBox1.Text) * Math.PI / 180
        n = 1
        t1 = X        '分子
        t2 = 1        '分母
        sinx = 0
        Do While t1 / t2 > 0.0000001
            sinx = sinx + (-1) ^ (n - 1) * t1 / t2
            n = n + 1
            t1 = t1 * X ^ 2
            t2 = t2 * (2 * n - 2) * (2 * n - 1)
        Loop
        TextBox2.Text = sinx
    End Sub
End Class
```

### 5.3.4　循环结构的嵌套

在一个循环体内又包含一个完整的循环结构称为循环结构的嵌套。循环结构的嵌套对 For…Next 语句和 Do…Loop 语句均适用。

多重循环的循环次数等于每一重循环次数的乘积。对于多重循环的每一个循环变量变化规律的理解,读者只要以你的手表上时、分、秒 3 根针构成的三重循环的变化模拟,即当内循环秒针走满一圈时,分针加一,秒针又从头开始走;当分针走满一圈时,时针加一,分针、秒针从头开始;依次类推,时针走满一圈,即 12 小时,循环结束;整个循环执行的次数为:$12 * 60 * 60$。

对于循环语句的使用,要注意以下事项:

①内循环变量与外循环变量不能同名。

②外循环必须完全包含内循环,不能交叉。

③若循环体内有 If 语句,或 If 语句内有循环语句,也不能交叉。

④利用 Goto 语句可以从循环体内转向循环体外,但不能从循环体外转入循环体内。

[**例 5.20**]　编写一个计算公式 $s = 1 + \dfrac{1}{1+2} + \dfrac{1}{1+2+3} + \dfrac{1}{1+2+3+4} + \cdots + \dfrac{1}{1+2+3+\cdots+100}$ 的过程,程序运行界面如图 5-39、图 5-40 所示。

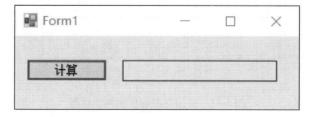

图 5-39　计算公式的初始状态

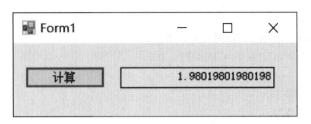

图 5-40　计算公式的运行结果

程序代码：

```
Public Class Form1
    Private Sub Button1_Click(ByVal sender As System.Object, ByVal e As System.EventArgs) Handles Button1.Click
        Dim s As Double, s1, i, j As Integer
        S = 0
        For i = 1 To 100
            S1 = 0
            For j = 1 To i
                S1 = S1 + j
            Next j
            S = S + 1 / S1
        Next i
        TextBox1.Text = S
    End Sub
End Class
```

[**例 5.21**]　编写一个求水仙花数的程序,程序运行界面如图 5-41、图 5-42 所示,要求如下：

①初始状态点击"求 100～1000 之间的所有水仙花数"按钮。

②输出结果。

注：水仙花数是指一个 3 位数,它的每个位上的数字的 3 次幂之和等于它本身,例如：$1^3 + 5^3 + 3^3 = 153$。

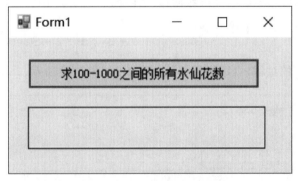

图 5-41　水仙花数程序的初始状态

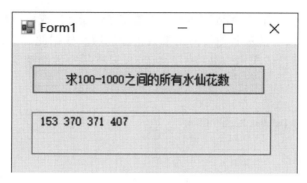

图 5-42　水仙花数程序的运行结果

程序代码：

```
Public Class Form1
    Private Sub Button1_Click( ByVal sender As System.Object, ByVal e As System.EventArgs) Handles Button1.Click
        Dim a As Integer, b As Integer, c As Integer
        Dim s1 As Integer, s2 As Integer
        For a = 1 To 9
            For b = 0 To 9
                For c = 0 To 9
                    s1 = 100 * a + 10 * b + c
                    s2 = a ^ 3 + b ^ 3 + c ^ 3
                    If s1 = s2 Then TextBox1.Text = TextBox1.Text & Str( s1)
        Next c, b, a
    End Sub
End Class
```

# 5.4　其他流程控制结构

### 5.4.1　GoTo 语句

GoTo 语句形式如下：

GoTo {标号/行号}

该语句的作用是无条件地转移到标号或行号指定的那行语句。

注意：

①GoTo 语句只能转移到同一过程的标号或行号处，标号是一个字符序列，首字符必须为字母，与大小写无关，任何转移到的标号后应有冒号；行号是一个数字序列。

②早期的 Basic 语言中，GoTo 语句使用的频率很高，编写的程序称为 BS 程序( Bowl of Spaghetti Program，面条式的程序)，程序结构不清晰，可读性差。结构化程序设计中要求尽量少用或不用 GoTo 语句，用选择结构或循环结构来代替。

[**例 5.22**]    编写一个程序,判断输入的一个数是否为素数(或称质数),并显示素数。素数就是除 1 和本身以外,不能被其他任何正整数整除的数。根据此定义,要判别某数 $m$ 是否为素数最简单的方法就是依次用 $i=2\sim m-1$ 去除,只要有一个数能整除 $m$,$m$ 就不是素数;否则是素数。

程序如下:

```
Sub Buttonl_Click(4-) Handles Buttonl.Click
Dim i, m As Integer
m = Val(TextBox1.Text)
For i = 2 To m-1
If (m Mod i) = 0 Then GoTo NotM          'm 能被 i 整除,转向标号 NotM
Next i
Label2.Text &= m & "是素数" & vbCrLf      'm 不能被 i=2~m-1 整除,显示 m 是素数
NotM:
End Sub
```

程序中用到 GoTo 语句,当 $m$ 能被某 $i$ 的值整除,$m$ 就不是素数,利用 GoTo 语句退出循环。这虽然效率高,但不符合结构化程序设计的规定:"单入口和单出口"的控制结构。因此程序中应该少用或不用 GoTo 语句。

[**例 5.23**]    对[例 5.22]改进的方法,增加一个逻辑型状态变量 Tag,用以判断是否被整除过,这种方法效率不高,不管是否是素数,都要执行完循环,但符合结构化程序设计的规定。

程序段如下:

```
Sub Buttonl_Click( ,") Handles Buttonl.Click
Dim i, m As Integer, Tag As Boolean
m = Val(TextBox1.Text)
Tag = True
For i = 2 To m-1
If (m Mod i) = 0 Then Tag = False
Next i
If Tag Then Label2.Text &= m & "是素数"& vbCrLf
End Sub
```

### 5.4.2    退出和结束语句

**1)Continue 语句**

该语句是 VB.NET 2005 中新增的,如同 C 语言中的相应语句,用于循环结构中,它并不终止本层循环,而只是绕过本次循环,即它只能跳过循环体中 Continue 后面的语句,强行进入下一次循环,相当于本次循环的短路。

根据循环语句 For 和 Do 的不同,Continue 语句有对应的 Continue For 和 Continue Do 语句形式书写。

**2)Exit 语句**

在 VB 中,还有多种形式的 Exit 语句,用于退出某种控制结构的执行。一般有两类:

(1)退出循环

在循环结构中,循环体中出现 Exit For 或 Exit Do 语句,强制终止本层循环,相当于本层循

环的断路,程序跳转到 Next 或 Loop 的下一句执行。

（2）退出过程

有 Exit Sub 和 Exit Function 语句,用于退出过程体,将在第 8 章过程中介绍。

3) End 语句

（1）独立的 End 语句

用于结束一个程序的运行,它可以放在任何事件过程中。这在前面的例子中经常用到。形式如下:

End

（2）与其他控制结构关键字配套

在 VB.NET 中,还有多种形式的 End 语句,用于结束一个控制语句或过程或块,相当于语句括号。End 语句的多种形式如下:

End If、End Select、End With、End Type、End Function、End Sub 等,它与对应的语句配对使用。

在 VB.NET 中,为了确保程序的语法正确,当输入不同的控制语句或过程或块时,系统自动为其添加配对的 End 语句。

## 5.5　综合应用

[**例 5.24**]　编写一个输出 3~100 中奇数的程序,程序运行界面如图 5-43、图 5-44 所示,要求如下:

①初始状态点击输出奇数。

②得出 3~100 中奇数的结果。

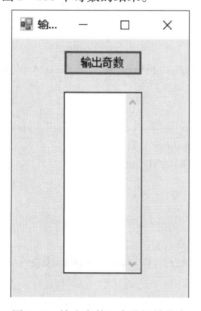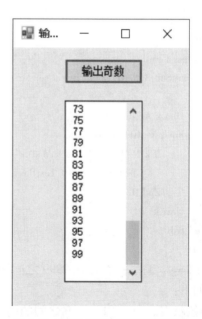

图 5-43　输出奇数程序的初始状态　　　图 5-44　输出奇数程序的运行结果

程序代码：

```
Public Class Form1
        Private Sub Button1_Click(ByVal sender As System.Object, ByVal e As System.EventArgs) Handles Button1.Click
            Dim i As Integer
            For i = 3 To 100 Step 2
                TextBox1.Text = TextBox1.Text & Str(i) & vbCrLf
            Next i
        End Sub
End Class
```

[**例 5.25**]　编写一个求球的个数的程序,此数满足:能被 6 整除,同时满足除以 4 的余数是 2,除以 5 的余数是 3,程序运行界面如图 5-45、图 5-46 所示,要求如下：

①初始状态点击"球的个数为"按钮。

②在文本框中输出结果。

图 5-45　球的个数的程序的初始状态　　　　图 5-46　球的个数的程序的运行结果

程序代码：

```
Public Class Form1
        Private Sub Button1_Click(ByVal sender As System.Object, ByVal e As System.EventArgs) Handles Button1.Click
            Dim k As Integer
            For k = 100 To 200
                If k Mod 4 = 2 And k Mod 5 = 3 And k Mod 6 = 0 Then
                    TextBox1.Text = TextBox1.Text & Str(k) & vbCrLf
                End If
            Next k
        End Sub
End Class
```

[**例 5.26**]　编写一个求 1~9999 之间同构数的程序,程序运行界面如图 5-47、图 5-48 所示,要求如下：

①初始状态点击"求 1~9999 之间的同构数"按钮。

②输出结果。

注意:正整数 $n$ 若是它平方数的尾部,则称 $n$ 为同构数。

如:5 的平方数是 25,且 5 出现在 25 的右侧,那么 5 就是一个同构数。

图 5-47 同构数程序的初始状态　　　图 5-48 同构数程序的运行结果

程序代码:

```
Public Class Form1
    Private Sub Button1_Click(ByVal sender As System.Object, ByVal e As System.EventArgs) Handles Button1.Click
        Dim str1, str2 As String, l1 As Integer
        For i = 1 To 9999
            str1 = Format(i)
            l1 = Len(str1)
            str2 = Format(i ^ 2)
            If str1 = Strings.Right(str2, l1) Then
                TextBox1.Text = TextBox1.Text & Str(i) & vbCrLf
            End If
        Next i
    End Sub
End Class
```

[例 5.27] 编写一个求三次方程根 $f(x) = x^3 + 4x^2 - 10$ 的根过程,程序运行界面如图 5-49、图 5-50 所示,要求如下:

①计算过程运用二分法。

②在初始状态点击"求方程的根"按钮。

③输出结果。

注意:

二分法的基本思路是:任意两个点 x1 和 x2,判断区间(x1,x2)内有无一个实根,如果 f(x1)与 f(x2)符号相反,则说明有一实根。接着取(x1,x2)的中点 x,检查 f(x)和 f(x2)是否同号,如果不同号,说明实根在(x,x2)之间;如果同号,再比较(x1,x),这样就将范围缩小了一半,然后按上述方法不断地递归调用,直到区间相当小(找出根为止)。

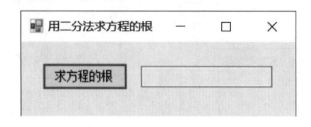

图 5-49　求方程的根的程序的初始状态

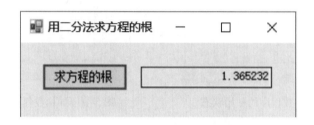

图 5-50　求方程的根的程序的运行结果

程序代码:

```
Public Class Form1
    Private Sub Button1_Click(ByVal sender As System.Object, ByVal e As System.EventArgs) Handles Button1.Click
        Dim a, b, f, f1, x As Single, n As Integer
        a = 1
        b = 4
        n = 0
        f1 = a ^ 3 + 4 * a ^ 2 - 10
        Do While b - a > 0.00001
            x = (a + b) / 2
            f = x ^ 3 + 4 * x ^ 2 - 10
            If f1 * f > 0 Then
                a = x
            Else
                b = x
            End If
        Loop
        TextBox1.Text = x
    End Sub
End Class
```

116

[**例 5.28**]　编写计算公式 $s = \sum\limits_{k=1}^{100} k + \sum\limits_{k=1}^{50} k^2 + \sum\limits_{k=1}^{10} k^3$ 的程序,程序运行界面如图 5-51、图 5-52 所示,要求如下:

①第一、第二和第三个数列的项数分别为 100、50 和 10。第一个数列为等差数列求和(公差为 1),第二个数列为 $n^2$ 数列求和,第三个数列为 $1/n$ 数列求和。

②初始状态点击"计算"按钮。

③输出结果。数据结果以"0.0000"的格式显示。

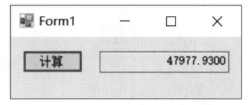

图 5-51　等差数列求和程序的初始状态　　图 5-52　等差数列求和程序的运行结果

程序代码:

```
Public Class Form1
    Private Sub Button1_Click(ByVal sender As System.Object, ByVal e As System.EventArgs) Handles Button1.Click
        Dim k As Integer, s1, s2, s3 As Single
        s1 = 0
        For k = 1 To 100
            s1 = s1 + k
        Next k
        s2 = 0
        For k = 1 To 50
            s2 = s2 + k ^ 2
        Next k
        s3 = 0
        For k = 1 To 10
            s3 = s3 + 1 / k
        Next k
        TextBox1.Text = Format(s1 + s2 + s3, "0.0000")
    End Sub
End Class
```

[**例 5.29**]　编写一个显示九九乘法表的程序,程序运行界面如图 5-53、图 5-54 所示,要求如下:

①初始状态界面显示"乘法口诀表"文本。

②运行程序直接显示乘法表结果。

图 5-53　乘法口诀表的初始状态

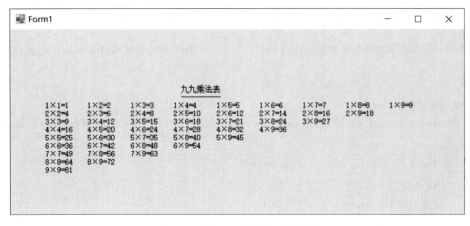

图 5-54　乘法口诀表的运行结果

程序代码：

```
Public Class Form1
    Private Sub Form1_Load(ByVal sender As System.Object, ByVal e As System.EventArgs) Handles My-
Base.Load
        Dim i, j As Integer
        Dim se As String
        Label1.Text = Space(35) & "九九乘法表 & vbCrLf
        Label1.Text &= Space(35) & "----------" & vbCrLf
        For i = 1 To 9 Step 1
            For j = i To 9 Step 1
                se = i & "×" & j & "=" & i * j
                Label1.Text &= se & Space(10 - Len(se))
            Next
            Label1.Text &= vbCrLf
        Next
    End Sub
End Class
```

## 思考题

1.结构化程序的 3 种基本结构是什么？

2.要判断成绩在 80 分以上（包括 80 分）且 100 分以下（不含 100）的同学，逻辑表达式应该怎样写？

3.Msgbox 函数与 InputBox 函数有什么区别？各自获得的是什么值？

4.执行下面程序段后，$s$ 的值是多少？

a=5

For i=2.6 To 4.9 Step 0.6

s=s+1

Next i

5.如果事先不知道循环次数，如何用 For…Next 结构来实现？

6.用 If 语句表示分段函数 $f(x) = \begin{cases} x^3 - 1, x \geq 1 \\ x^3 + 1, x < 0 \end{cases}$。

7.要使单精度变量 $x,y,z$ 分别保留 1 位、2 位、3 位小数位，并在窗体显示，使用什么函数？

8.试说明 Continue 与 Exit 的区别。

9.复合框的 Checked 和 CheckState 属性有何区别？

10.计算下列循环语句的次数。

(1)For　i=−1　To　20　Step　4

(2)For　i=−3.5　To　5.5　Step　0.5

(3)For　i=−3.5　To　5.5　Step　−0.5

(4)For　i=−3　To　20　Step　0

11.什么是共享事件？其作用是什么？

12.是什么属性控制定时器工作或不工作？

13.要使定时器的 Tick 事件快速地触发，主要由什么属性决定？该属性值应该大还是小？

14.写出下面程序的运行结果。

```
Private Sub Form_Click( )
    Dim m As Integer,n As Integer
    m=10
    Do
        M=m+n
        For n=10 To m step −1
            M=m+n
        Next n
```

```
        Loop
        While m<50
        MsgBox("计算结果 m="&m&",n="&n)
        End Sub
```

15.$x,y$ 的关系如下,请设计程序,使输入 $x$ 就可以算出 $y$ 的值。

$$y = \begin{cases} 1 + x, x \geqslant 0 \\ 1 - 2x, x < 0 \end{cases}$$

# 第 **6** 章

# 数 组

前面所使用的字符串型、数值型、逻辑型等数据类型都是简单类型,通过一个命名的变量来存取一个数据。然而在实际应用中经常要处理同一类型的成批数据,有效的解决办法是通过数组来实现。根据数组存储的数据类型和界面的可视性,本章主要介绍数组、结构数组、列表框和组合框以及控件数组。

在程序设计中,数组是一个非常重要的概念和组成部分,简化了大量数据的处理方法。可以说程序设计中离开数组将寸步难行,掌握数组的概念、使用和常用算法非常重要。

## 6.1 引例及分析

在学本章之前,需要思考的是为什么引入数组的概念? 首先,通过以下两个例子来说明和思考数组的意义和用法。假设需要计算一个班 200 名学生的平均成绩,然后统计高于平均成绩的人数。这里通过两种方法来求解这个问题,其中,

方法一:

将简单变量的使用和循环结构相结合,求平均成绩程序如下:

```
Sub Button 1_Click(…)Handles Button 1.Click
Dim aver!, mark%, i%
aver = 0
For i = 1 To 200
    mark = InputBox("输入第" & i & "位学生的成绩")
    aver = aver + mark
    Next i
    aver = aver/ 200
    MsgBox("平均分:" & aver)
End Sub
```

方法二:

```
Sub Button 1_Click(…) Handles Button 1.Click
```

```
Dim mark(199) As Integer    '数组声明,mark 数组有 200 个元素
Dim aver!, i%
aver = 0
For i = 0 To 199,           '本循环结构输入成绩,求分数和
    mark(i) = InputBox ("输入第" & i+1 & "位学生的成绩")
    aver = aver+mark(i)
Next i
aver = aver / 200           '求 200 个学生的平均成绩
MsgBox("平均分:" & aver)
End Sub
```

通过两种方法的对比,可以看出面对大量数据需要处理时,通过数组的方法既方便数据的存储和调用,同时不需要设置大量的变量,可以极大地简化了程序。

## 6.2  数组声明及初始化

数组并不是一种数据类型,而是一组相同类型的变量的集合。在程序中使用数组的最大好处是用一个数组名代表逻辑上相关的一批数据,用下标表示该数组中的各个元素和循环语句结合使用,使程序书写更简洁。

**1) 数组声明**

数组必须先声明后使用,声明数组名、类型、维数、数组大小;按声明时下标的个数确定数组的维数,VB.NET 中的数组有一维数组、二维数组、多维数组。语句"Dim mark(99) As Integer"声明了一个一维数组,该数组的名字为 mark,类型为整型;共有 100 个元素,下标范围为 0~99。

**2) 数组元素**

声明数组,仅仅表示在内存中分配了一个连续的区域。在以后的操作中,一般是针对数组中的某个元素进行的。数组元素的形式为:

数组名(下标[,下标 2…])

下标表示顺序号,每个数组元素都有唯一的顺序号,下标不能超出数组声明时的上、下界范围。一个下标,表示一维数组;多个下标,表示多维数组。下标可以是整型的常数、变量、表达式,甚至是一个数组元素。

### 6.2.1  一维数组

声明一维数组形式如下:

Dim 数组名(下标上界)[As 类型]

其中:

下标上界:可以为常数或带值的表达式。在 VB.NET 中,下标下界为 0。一维数组的大小为:下标上界+1。

As 类型:默认值与前述变量的声明一样,是 Object 类型。

Dim 语句声明的数组,实际上为系统编译程序提供了几种信息,即数组名、数组类型、数

组的维数和各维大小。

①例如：

Dim a(10) As Integer, St(5) As String

声明了 a 是数组名、整型、一维数组、有 11 个元素；下标的范围为 0~10。若在程序中使用 a(11)，则系统会显示"索引超出了数组界限"。

声明了 St 是数组名、字符串类型、一维数组、有 6 个元素；下标的范围为 0~5。

②又如，以下数组声明在 VB 6.0 中是错误的，而在 VB.NET 中是正确的，n 是带值的变量，提高了数组分配空间的灵活性。

n = 10

Dim x(n) As Single

注意：在 VB.NET 中，数组声明增加了 "0 To" 显式零下界，目的是更清楚地说明下界是零。

例如①中的数组声明可显式地声明为：

Dim a(0 To 10) As Integer, St(0 To 5) As String

### 6.2.2　多维数组

一维数组是一个线性表；要表示一个平面或矩阵，需要用到二维数组；同样表示三维空间就需要三维数组。例如，要表示和存放一本书的内容就需要一个三维数组，分别以页、行、列、号表示。

声明多维数组形式如下：

Dim 数组名(下标 1 上界[，下标 2 上界…])[As 类型]

其中：

下标个数：决定了数组的维数。

每一维的大小：下标上界+1；数组的大小为各维大小的乘积。

例如，一维、二维、三维数组可用如下数组声明：

Dim a(5) As Integer 　'6 个元素的一维数组是一个线性表

Dim b(5,3) As Integer 　'有 6 行 4 列共 24 个元素的二维数组构成一个平面

Dim c(2,5,3) As Integer 　'有 3 个平面、6 行、4 列构成的立方体

### 6.2.3　数组的初始化

VB.NET 提供了对数组的初始化功能，也就是在定义数组的同时，为数组元素赋初值。数组初始化的形式如下：

Dim 数组名() As 类型={常数 1,…,常数 n}　'一维数组初始化

Dim 数组名(,) As 类型={{第 1 行各常数},…,{第 m 行各常数}}　'二维数组初始化

例如：

Dim a() As Integer={1,3,5,7,9,11}　'a(0)~a(5)元素依次为{}内对应的值

Dim s() As String={"数学","外语","计算机","物理"}　'意义同上

Dim b( , ) As Integer= {{1,2,3,4} , {5,6,7,8} ,{9,10,11,12}}

在 VB.NET 中对数组元素初始化时,规定不能声明数组的下标上界,也就是一维数组使用"( )",二维数组使用"( , )",系统会根据所赋值的个数来决定下标的上界。编程时可以通过 UBound 函数来确定其下标上界。形式为:

UBound(数组名[ , 第 n 维]) '对于一维数组,可省略第 2 个参数

例如,要逐一显示上面声明的 a 数组的值,通过如下语句实现:

For i = 0 To UBound(a)

  MsgBox( a(i) )

Next

### 6.2.4 动态数组

在 VB.NET 中,已经声明的数组可以利用 ReDim 语句来改变大小。数组重新定义大小语句的形式为:

ReDim 数组名(下标 1 上界[ ,下标 2 上界…])

例如:

Dim x(10) As Single '定义了数组长度为 11 个元素

ReDim x(20) '重定义数组长度为 21 个元素

注意:

①Dim 语句是说明性语句,可以出现在程序的任何地方,而 ReDim 语句是可执行语句,只能出现在过程中。

②ReDim 语句只能改变数组每一维的大小,不能改变数组的维数,也不能改变数组的类型。

③每次使用 ReDim 语句都会使原来数组中的值丢失,可以在 ReDim 保留字后加 Preserve 参数来保留数组中的数据,但使用 Preserve 只能改变最右一维的大小,左边几维大小不能改变。

[**例 6.1**] 用 For 循环和 InputBox 控件求成绩标准差,程序部分运行界面如图 6-1、图6-2 所示。要求如下:

①单击按钮,在 InputBox 中输入全班的总人数。

②在 InputBox 输入每位同学的成绩。

③计算出全班的成绩标准差,显示在 TextBox 中。

图 6-1 成绩标准差的初始状态

图 6-2 成绩标准差的运行结果

程序代码：

```
Public Class Form1
    Dim score( ) As Integer
    Private Sub Button1_Click(ByVal sender As System.Object, ByVal e As System.EventArgs) Handles Button1.Click
        Dim n As Integer, S, avg, sum, item, y As Single
        n = Val(InputBox("请输入总人数", "", ""))
        ReDim score(n - 1)
        '求平均成绩
        S = 0
        For I = 0 To n - 1
            score(I) = Val(InputBox("请输入第" & Str(I + 1) & "个学生的成绩", "成绩统计", ""))
            S = S + score(I)
        Next I
        Avg = S / n
        '求根号下的分子部分
        Sum = 0
        For i = 0 To n - 1
            item = ((score(i) - avg) ^ 2)
            sum = sum + item
        Next i
        '求方差
        y = Math.Sqrt(sum / (n - 1))
        TextBox1.Text = Format(y, "0.0000")
    End Sub
End Class
```

## 6.3 数组的基本操作

数组是程序设计中最常用的数据结构类型,将数组元素的下标和循环语句结合使用,能解决大量的实际问题。需注意的是,数组定义时用数组名表示该数组的整体,但在具体操作时是针对每个数组元素进行的。

（1）数组的输入方法

可以通过 TextBox 控件或 InputBox 函数逐一输入,以下程序段利用 InputBox 函数输入。

（2）数组的输出

［**例 6.2**］ 矩阵相乘,程序运行界面如图 6-3、图 6-4 所示。要求如下:

①随机生成一个 5 行 5 列的方阵 A 和 5 行 1 列的矩阵 B。

②计算 A 乘以 B 的值。

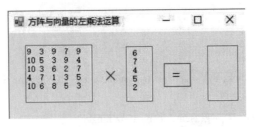

图 6-3　矩阵相乘的初始界面

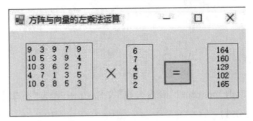

图 6-4　矩阵相乘的运行结果

程序代码：

```
Public Class Form1
    Dim A(4, 4), B(4), C(4) As Integer
    Private Sub Form1 _Load(ByVal sender As System.Object, ByVal e As System.EventArgs) Handles MyBase.Load
        Randomize()
        For i = 0 To 4
            For j = 0 To 4
                A(i, j) = Int(Rnd() * 10 + 1)
                TextBox1.Text = TextBox1.Text & LSet(A(i, j), 3)
            Next j
            TextBox1.Text = TextBox1.Text & vbCrLf
        Next i
        For i = 0 To 4
            B(i) = Int(Rnd() * 10 + 1)
            TextBox2.Text = TextBox2.Text & LSet(B(i), 3) & vbCrLf
        Next i
    End Sub
    Private Sub Button1_Click(ByVal sender As System.Object, ByVal e As System.EventArgs) Handles Button1.Click
        For i = 0 To 4
            C(i) = 0
            For j = 0 To 4
                C(i) = C(i) + A(i, j) * B(j)
            Next j
            TextBox3.Text = TextBox3.Text & LSet(C(i), 3) & vbCrLf
        Next i
    End Sub
```

End Class

注意:对于一维数组 a(i),数组中实际有 i+1 个元素;对于二维数组 b(i,j),数组中实际有(i+1)(j+1)个元素。

[**例 6.3**] 打印杨辉三角,程序运行界面如图 6-5、图 6-6 所示。

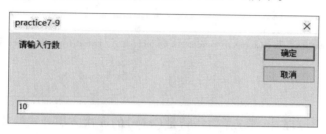

图 6-5 杨辉三角的初始状态

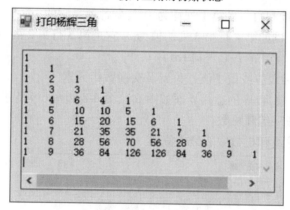

图 6-6 杨辉三角的运行结果

程序代码:

```
Public Class Form1
    Private Sub TextBox1 _ Click ( ByVal sender As Object, ByVal e As System. EventArgs ) Handles TextBox1.Click
        Dim a( ,), n As Integer
        TextBox1.Text = " "
        n = Val(InputBox("请输入行数",, "10"))
        ReDim a( n - 1, n - 1)
        a(0, 0) = 1
        For i = 1 To n - 1
            a(i, 0) = 1
            a(i, i) = 1
            For j = 1 To i - 1
                a(i, j) = a(i - 1, j - 1) + a(i - 1, j)
        '第 i 行,第 j 列的元素等于第 i-1 行,第 j-1 列的元素与第 i-1 行,第 j 列元素之和。
            Next j
        Next i
        For i = 0 To n - 1
```

```
        For j = 0 To i
            TextBox1.AppendText(LSet(a(i, j), 5))
        Next j
        TextBox1.AppendText(vbCrLf)
    Next i
    End Sub
    Private Sub TextBox1_TextChanged(sender As Object, e As EventArgs) Handles TextBox1.TextChanged
    End Sub
End Class
```

注意:

杨辉三角的数学原理:杨辉三角每一行是$(x+y)$的 $n$ 次方展开式的各项的二项式系数。例如第一行是 1;第二行是 1,1;第三行是 1,2,1;第四行是 1,3,3,1,…分析上面的运行结果,可以找出其规律:对角线和每行的第 1 列均为 1,其余各项是它的上一行中前一个元素和上一行的同一列元素之和。例如第 4 行第 3 列的值为 3,它是第 3 行第 2 列与第 3 列元素值之和,可以一般地表示为:$a(i,j) = a(i-1,j-1) + a(i-1,j)$。

（3）求数组最值（最大值或最小值）、位置及交换数组元素

[例 6.4]　求最大数,程序的运行界面如图 6-7、图 6-8 和图 6-9 所示。要求如下:

①单击按钮 1 生成一组随机数;

②单击按钮 2 求这组随机数中的最小值。

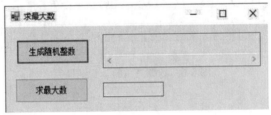

图 6-7　程序初始状态

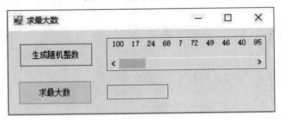

图 6-8　数组最值的运行界面

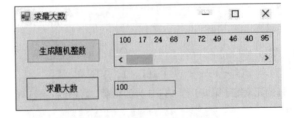

图 6-9　数组最值的运行结果

程序代码：

```
Public Class Form1
    Dim a(49) As Integer
    Private Sub Button1_Click(ByVal sender As System.Object, ByVal e As System.EventArgs) Handles Button1.Click
        TextBox1.Text = ""
        Randomize()
        For i = 0 To 49
            a(i) = Int(Rnd() * 100 + 1)
            TextBox1.Text = TextBox1.Text & Str(a(i)) & ""
        Next i
    End Sub
    Private Sub Button2_Click(ByVal sender As System.Object, ByVal e As System.EventArgs) Handles Button2.Click
        Dim max As Integer
        Max = a(1)
        For i = 0 To 49
            If a(i) > max Then
                max = a(i)
            End If
        Next i
        TextBox2.Text = Max
    End Sub
End Class
```

在数组中求最小值(最大值)的方法一般分为以下两个步骤：

①在数组中求最小(大)值的方法:取第一个数为最小(大)值的初值,然后将每一个数与最小(大)值比较,若该数小(大)于最小(大)值,将该数替换为最小(大)值;依次逐一比较。

②最小(大)值数组元素与第一个数组元素交换,这就要求在求最小(大)值元素的同时还得保留最小(大)值元素的下标,最后再交换。

对数组{26,34,61,87,33,19,37,59,76,69}求最小值并将其与首位交换。

程序如下：

```
Sub Buttonl_Click('-*) Handles Buttonl.Click
Dim iA%() = {26,43,61,87,33,19,37,59,76,69}
Dim Min, iMin, i, t As Integer
Min = iA(0): iMin = 0    'Min 中放最小值,iMin 中放最小值所在下标
For i = 1 To 9
If iA(i) < Min Then
Min = iA(i)
iMin = i
End If
Next i
t = iA(0): iA(0) = iA(iMin): iA(iMin) = t    '最小元素与第 1 个元素交换
```

```
For i = 0 To 9
Label1.Text &=iA(i)& " "
Next i
End Sub
```

### 6.3.1 数组的排序

排序是将一组数按递增或递减的次序排列,排序的算法有许多,常用的有选择法、冒泡法、插入法、合并排序法等。

#### 1) 选择法排序

选择法排序是最为简单且易理解的算法,排序的基本思想是每一轮在若干个无序数中找最小数(按递增排序),并放在无序数中第 1 个位置;有 $n$ 个数则进行 $n-1$ 轮上述操作。

假定有 $n$ 个数的序列,要求按递增的次序排序,排序算法是:

①从 $n$ 个数中找出最小数的下标,跳出内循环,最小数与第 1 个数交换位置;通过这一轮排序,第 1 个数已确定好。

②在余下的 $n-1$ 个数中再按步骤①的方法选出最小数的下标,最小数与第 2 个数交换位置。

③依次类推,重复步骤②,最后构成递增序列。

由此可见,数组排序必须用二重循环才能实现,内循环选择最小数下标,找到该数在数组中的有序位置;执行 $n-1$ 次外循环,使 $n$ 个数都确定了在数组中的有序位置。

若要按递减次序排序,只要每次选最大的数即可。

#### 2) 冒泡法排序

冒泡法排序与选择法排序相似,选择法在每一轮中进行寻找最值的下标,出了循环将最值与应放位置的数交换位置;而冒泡法排序在每一轮排序时将相邻的数比较,次序不对时立即交换位置,出了循环最值冒出。

[例 6.5] 选择法,冒泡法,改进冒泡法,程序的运行界面如图 6-10—图 6-13 所示。要求如下:

①单击按钮 1 用选择法进行排序,并打印出每一步交换后的结果。

②单击按钮 2 用冒泡法进行排序,并打印出每一步交换后的结果。

③单击按钮 3 用改进冒泡法进行排序,并打印出每一步交换后的结果。

图 6-10 排序法的初始状态

图 6-11 选择法排序的运行界面

图 6-12  冒泡法排序的运行界面

图 6-13  改进冒泡法的运行界面

程序代码：

```
Public Class Form1
    Private Sub Button1_Click(ByVal sender As System.Object, ByVal e As System.EventArgs) Handles Button1.Click    '选择排序法
        Dim a() As Integer = {8, 6, 9, 3, 2, 7}, iMin%, n%, i%, j%, t%
        n = UBound(a)
        Label1.Text = "原始数据    "
        Call printx(a)
        For i = 0 To n - 1
            iMin = i
            For j = i + 1 To n
                If a(j) < a(iMin) Then iMin = j
            Next j
            t = a(i)
            a(i) = a(iMin)
            a(iMin) = t
            Label1.Text &= "第" & (i + 1) & "轮交换后："
            Call printx(a)
        Next i
    End Sub
    Sub printx(ByVal x() As Integer)
        Dim i%
        For i = 0 To UBound(x)
            Label1.Text &= x(i) & " "
```

```vb
            Next i
            Label1.Text &= vbCrLf
        End Sub
    Private Sub Button2_Click(ByVal sender As System.Object, ByVal e As System.EventArgs) Handles Button2.Click                                    '冒泡排序法
        Dim a() As Integer = {8, 6, 9, 3, 2, 7}
        Dim i%, j%, n%, t%
        Label1.Text = "原始数据      "
        n = UBound(a)
        Call printx(a)
        For i = 0 To n - 1
            For j = 0 To n - i - 1
                If a(j) > a(j + 1) Then
                    t = a(j) : a(j) = a(j + 1) : a(j + 1) = t
                End If
            Next j
            Label1.Text &= "第" & (i + 1) & "轮比较后数据：  "
            Call printx(a)
        Next i
    End Sub
    Private Sub Button3_Click(ByVal sender As System.Object, ByVal e As System.EventArgs) Handles Button3.Click                                    '改进冒泡排序法
        Dim a() As Integer = {8, 6, 9, 3, 2, 7}
        Dim i%, j%, n%, t%
        Dim flag As Boolean
        Label1.Text = "原始数据      "
        n = UBound(a)
        Call printx(a)
        For i = 0 To n - 1
            flag = True
            For j = 0 To n - i - 1
                If a(j) > a(j + 1) Then
                    flag = False
                    t = a(j) : a(j) = a(j + 1) : a(j + 1) = t
                End If
            Next j
            If flag Then Exit For
            Label1.Text &= "第" & (i + 1) & "轮比较后数据:"
            Call printx(a)
        Next i
    End Sub
End Class
```

### 6.3.2 有序数组的维护

**插入数据**

在一组有序数据中,插入一个数,使这组数据仍旧有序。这种方法实质就是插入排序的基本方法。

假定有序数组,已按递增次序排列。插入的算法是:

①首先要查找待插入数据在数组中的位置 $k$。

②然后从最后一个元素开始往前直到下标为 $k$ 的元素依次往后移动一个位置。

③第 $k$ 个元素的位置腾出,将数据插入。

[**例 6.6**] 对数据排序,查找,插入,程序的运行界面如图 6-14—图 6-19 所示。要求如下:

①单击按钮 1 随机生成一个数组 A(19)。

②单击按钮 2 对 A(19)中的随机数进行排序。

③单击按钮 3 输入要查找的数字并表示出在 A(19)中的位置。

④单击按钮 4 输入要插入到 A(19)中的数字。

图 6-14 数据处理的初始状态

图 6-15 排序运行结果

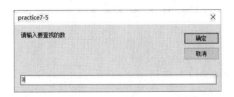

图 6-16 查询初始状态

图 6-17 程序运行界面

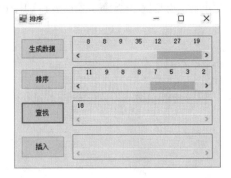

图 6-18 查找程序运行界面

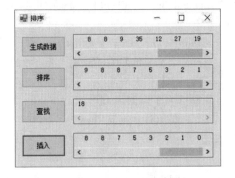

图 6-19 插入程序的运行结果

程序代码：

```
Public Class Form1
    Dim A(19), n As Integer
    Private Sub Button1_Click(ByVal sender As System.Object, ByVal e As System.EventArgs) Handles Button1.Click
        n = 19
        TextBox1.Text = ""
        Randomize()
        For i = 0 To n
            A(i) = Int(Rnd() * 50 + 1)
            TextBox1.AppendText(Str(A(i)) & Space(3))
        Next i
    End Sub
    Private Sub Button2_Click(ByVal sender As System.Object, ByVal e As System.EventArgs) Handles Button2.Click
        Button3.Enabled = True
        Button4.Enabled = True
        Dim t As Integer
        For i = 0 To n - 1
            For j = i + 1 To n
                If A(i) < A(j) Then
                    t = A(i)
                    A(i) = A(j)
                    A(j) = t
                End If
            Next j
        Next i
        TextBox2.Text = ""
        For i = 0 To n
            TextBox2.AppendText(Str(A(i)) & Space(3))
        Next i
    End Sub
    Private Sub Button3_Click(ByVal sender As System.Object, ByVal e As System.EventArgs) Handles Button3.Click
        Dim Pos(n), num, k As Integer
        num = Val(InputBox("请输入要查找的数"))
        k = -1
        For i = 0 To 19
            If A(i) = num Then
                k = k + 1
                Pos(k) = i + 1
            End If
        Next i
```

```
            If k = -1 Then MsgBox("没找到") : Exit Sub
            TextBox3.Text = " "
            For i = 0 To k
                TextBox3.AppendText(Str(Pos(i)))
            Next i
        End Sub
        Private Sub Button4_Click(ByVal sender As System.Object, ByVal e As System.EventArgs) Handles But-
ton4.Click
            Dim num As Integer
            n = n + 1
            ReDim Preserve A(n)
            num = Val(InputBox("请输入数字", "请输入数字", "0"))
            If num < A(n - 1) Then
                A(n) = num
            Else
                For i = 0 To n - 2
                    If num > A(i) Then
                        For j = n To i + 1 Step -1
                            A(j) = A(j - 1)
                        Next j
                        A(i) = num
                        Exit For
                    End If
                Next i
            End If
            TextBox4.Text = " "
            For k = 0 To n
                TextBox4.AppendText(Str(A(k)) & Space(3))
            Next k
        End Sub
    End Class
```

[**例 6.7**] 生成随机数据,删除数据,程序的运行界面如图 6-20、图 6-21 所示。要求如下:

①程序运行生成一组随机数据。

②输入要删除的数据。

③单击按钮打印出删除数据之后剩余的数据。

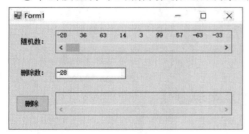

图 6-20 删除数据的初始状态

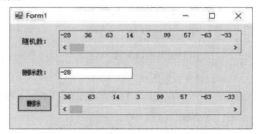

图 6-21 删除数据的运行结果

135

**程序代码：**

```
Public Class Form1
    Dim A(99) As Integer
    Private Sub Form1_Load(ByVal sender As System.Object, ByVal e As System.EventArgs) Handles
MyBase.Load
        Randomize()
        For i = 0 To 99
            A(i) = Int(Rnd() * 201 + (-100))
            TextBox1.AppendText(Str(A(i)) & Space(3))
        Next i
    End Sub
    Private Sub Button1_Click(ByVal sender As System.Object, ByVal e As System.EventArgs) Handles But-
ton1.Click
        Dim num, pos As Integer
        num = Val(TextBox2.Text)    '用 num 保存要删除的数
        '求出要删除的位置,保存在 pos 变量中
        pos = -1
        For i = 0 To 99
            If A(i) = num Then
                pos = i
                Exit For
            End If
        Next i
        If pos = -1 Then
            MsgBox("此数不在数组中")
            TextBox2.Focus()
            TextBox2.SelectAll()
            Exit Sub
        End If
        '将 pos 位置之后的数逐个向前移动一位,实现删除 pos 位置的数
        For i = pos To 98
            A(i) = A(i + 1)
        Next i
        '显示删除结果
        ReDim Preserve A(98)
        For i = 0 To 98
            TextBox3.Text = TextBox3.Text & Str(A(i)) & Space(4)
        Next i
    End Sub
End Class
```

## 6.4　列表框与组合框控件的应用

### 6.4.1　列表框控件

列表框和组合框控件实质就是一维字符数组,以可视化形式直观显示其项目列表(数组元素)。为了让读者进一步巩固数组的学习并便于结合控件的应用,因此在此介绍这两个控件。

列表框(ListBox)控件是一个显示多个项目的列表,便于用户选择一个或多个列表项目,但不能直接修改其中的内容。图 6-22 是一个有 6 个项目的列表框(默认名称为 ListBox1)。

图 6-22　ListBox 列表框

**1)主要属性**

列表框的主要属性见表 6-1,及对图 6-22 各属性的意义进行解释。

表 6-1　列表框重要属性

| 属　性 | 类　型 | 说　明 | 属性值设置或引用 |
|---|---|---|---|
| Items | 字符数组 | 是一个集合,存放列表项目值的集合,其中,第 1 个项目小标为 0,例如 ListBox1.Items(0)为"大学计算机" | 在属性窗口/在代码窗口 |
| Count | 整型 | 列表框中项目的总数,项目下标范围为 0~Count-1,例 ListBox1.Items.Count 为 7 | 在代码窗口 |
| SelectedIndex | 整型 | 程序运行时被选定的项目的序号,未选中则该值为-1,例如 ListBox1.SelectedIndex 的值为 2(即"多媒体技术与应用") | 在代码窗口 |
| Text、SelectedItem | 字符型 | 两个属性性质相同,程序运行时被选定项目的文本内容,例如 ListBox1.Text 值为"多媒体技术与应用" | 在代码窗口 |
| Sorted | 逻辑型 | 决定在程序运行期间列表框中的项目是否进行排序 | 在属性窗口 |

**2)方法**

列表框的主要方法有添加、删除项目和清除所有项目,其作用于 Items 集合,因此使用时,需在方法前面加 Items 和对象：

（1）Add 方法

形式：列表框对象.Items.Add（项目字符串）

作用：Add 方法把项目字符串加入列表框对象的 Items 集合的最后。

（2）Insert 方法

形式：列表框对象.Items. Insert（索引值，项目字符串）

作用：Insert 方法把项目字符串插入到列表框对象的 Items 集合，插入的位置由索引值指定，原位置的项目依次后移，对于第一个项目，索引值为 0。

（3）Remove 方法

形式：列表框对象.Items.Remove（项目字符串）

作用：从列表框删除由项目字符串值指定的项目。

（4）RemoveAt 方法

形式：列表框对象.Items.RemoveAt（索引值）

作用：从列表框删除指定的项目，索引值表示被删除项目在列表框中的位置。

（5）Clear 方法

形式：列表框对象.Items.Clear

作用：清除列表框的所有项目内容。

**3）事件**

列表框的主要事件有 Click、DoubleClick 和 SelectedIndexChanged 事件。当对列表框改变选定的内容时触发 SelectedIndexChanged 事件。

### 6.4.2　组合框控件

组合框（ComboBox）是兼有文本框和列表框两者的功能特性而形成的一种控件。它允许用户在文本框中输入内容，但必须通过 Add 方法将内容添加到列表框；也允许用户在列表框选择项目，选中的项目同时在文本框显示。

组合框有三种不同风格的形式，通过 DropDownStyle 属性设置，效果参见图 6-23。组合框的属性、方法和事件与列表框基本相同。在此仅列出与列表框不同的主要属性和事件。

图 6-23　组合框效果示例

（1）主要属性

DropDownStyle 的主要属性是枚举值，分别为 DropDown、Simple 和 DropDownList，其属性说明见表 6-2。

表 6-2 组合框 DropDownStyle 属性说明

| DropDownStyle 属性枚举值 | 意 义 | 特 点 |
| --- | --- | --- |
| DropDown（默认） | 下拉式组合框。由 1 个文本框和 1 个下拉列表框组成 | 占据一行，单击"　"打开列表框；可在文本框中输入内容，通过 Add 方法添加到列表框 |
| Simple | 简单组合框 | 与下拉式组合框区别仅是不以下拉形式显示 |
| DropDownList | 下拉式列表框 | 没有文本框，只能显示和选择，不能输入 |

（2）事件

组合框没有 DoubleClick 事件。比较有用的是 KeyPress 事件，因为组合框的文本框可以输入内容。

### 6.4.3 列表框和组合框应用

［例 6.8］ 用 ListBox 控件实现简单的选课系统设计，程序的运行界面如图 6-24 所示。要求如下：

①单击按钮 1 能够实现自由添加课程。

②单击按钮 2 能够对所选课程进行删除。

③单击按钮 3 实现对已选课程的修改，按钮 4 进行修改确认。

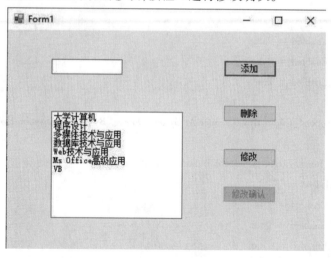

图 6-24 ListBox 控件的程序运行界面

程序代码：

```
Public Class Form1
    Private Sub Form1_Load( ByVal sender As System.Object, ByVal e As System.EventArgs) Handles My-
Base.Load
        ListBox1.Items.Clear( )
```

```
                ListBox1.Items.Add("大学计算机")
                ListBox1.Items.Add("程序设计")
                ListBox1.Items.Add("多媒体技术与应用")
                ListBox1.Items.Add("数据库技术与应用")
                ListBox1.Items.Add(" Web 技术与应用")
                ListBox1.Items.Add(" Ms Office 高级应用")
                ListBox1.Items.Add(" VB ")
                Button4.Enabled = False
        End Sub
        Private Sub Button1_Click(ByVal sender As System.Object, ByVal e As System.EventArgs) Handles Button1.Click
                ListBox1.Items.Add(TextBox1.Text)
                TextBox1.Text = " "
        End Sub
        Private Sub Button2_Click(ByVal sender As System.Object, ByVal e As System.EventArgs) Handles Button2.Click
                ListBox1.Items.RemoveAt(ListBox1.SelectedIndex)
        End Sub
        Private Sub Button3_Click(ByVal sender As System.Object, ByVal e As System.EventArgs) Handles Button3.Click
                TextBox1.Text = ListBox1.SelectedItem
                TextBox1.Focus()
                Button1.Enabled = False
                Button2.Enabled = False
                Button3.Enabled = False
                Button4.Enabled = True
        End Sub
        Private Sub Button4_Click(ByVal sender As System.Object, ByVal e As System.EventArgs) Handles Button4.Click
                ListBox1.Items(ListBox1.SelectedIndex) = TextBox1.Text
                TextBox1.Text = " "
                Button1.Enabled = True
                Button2.Enabled = True
                Button3.Enabled = True
        End Sub
    End Class
```

[**例 6.9**]　设计一个能够调节字体和字号的程序,程序设计界面、运行结果如图 6-25 和图 6-26 所示,要求如下:

①利用下拉控件编写该程序。

②用户可以自由调节字体和字号。

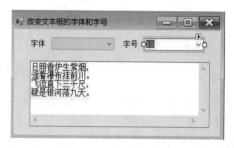

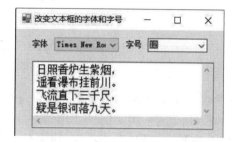

图 6-25　字体字号的程序设计界面　　　　图 6-26　字体字号的程序运行界面

程序代码：

Public Class Form1

　　　Private Sub Form1_Load（ByVal sender As System.Object，ByVal e As System.EventArgs）Handles My-Base.Load

　　　　　Dim s As FontFamily　'定义 s 为 FontFamily

　　　　　For Each s In FontFamily.Families　'遍历系统字体数组

　　　　　　　ComboBox1.Items.Add（s.Name）　'下拉框中添加系统所有字体

　　　　　Next

　　　　　ComboBox1.Text = "宋体"　'下拉框中初始显示为宋体

　　　End Sub


　　　Private Sub ComboBox1_SelectedIndexChanged（ByVal sender As System.Object，ByVal e As System.EventArgs）Handles ComboBox1.SelectedIndexChanged　'点击下拉框 1 执行以下程序

　　　　　TextBox1.Font = New Font（ComboBox1.Text，Val（ComboBox2.Text））

　　'文本框 1 中文字字体设为下拉框 1 中所显示的字体,字号为下拉框 2 中的数字

　　　　　End Sub


　　　Private Sub ComboBox2_SelectedIndexChanged（ByVal sender As System.Object，ByVal e As System.EventArgs）Handles ComboBox2.SelectedIndexChanged　'点击下拉框 2 执行以下程序

　　　　　TextBox1.Font = New Font（ComboBox1.Text，Val（ComboBox2.Text））

　　'文本框 1 中文字字体设为下拉框 1 中所显示的字体,字号为下拉框 2 中的数字

　　　　　End Sub


　　　Private Sub ComboBox2_TextChanged（ByVal sender As Object，ByVal e As System.EventArgs）Handles ComboBox2.TextChanged

　　　　　If Val（ComboBox2.Text）> 0 And IsNumeric（ComboBox2.Text）Then

　　'如果下拉框 2 中的文本大于 0 并且是数字执行以下程序

　　　　　　　TextBox1.Font = New Font（ComboBox1.Text，Val（ComboBox2.Text））

　　'文本框 1 中文字字体设为下拉框 1 中所显示的字体,字号为下拉框 2 中的数字

　　　　　Else　'否则执行以下程序

　　　　　　　MsgBox（"请输入一个大于 0 的数字"）　'消息框提示"请输入一个大于 0 的数字"

　　　　　End If

　　　End Sub

End Class

## 6.5 综 合 应 用

本章通过数组的学习,读者已经可以进行较为复杂的程序编写,接下来将运用本章所学的数组和控件,通过一组实例,巩固所学的基本理论。

[**例 6.10**] 请设计一个程序,用来分离数据,程序的运行界面如图 6-27、图 6-28 所示。要求如下:

①随机生成有正数有负数的数组 A。

②将数组 A 中的全部正数分离出来组成数组 B。

③将数组 A 中的全部负数分离出来组成数组 C。

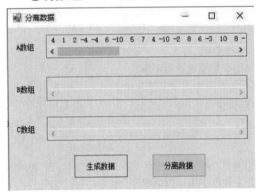

图 6-27 分离数据的程序设计界面

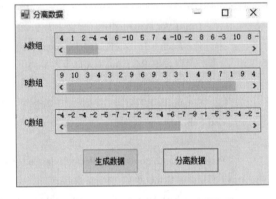

图 6-28 分离数据的程序运行界面

程序代码:

```
Public Class Form1
    Dim A(49), B( ), C( ), M, N As Integer
    Private Sub Button1_Click(ByVal sender As System.Object, ByVal e As System.EventArgs) Handles Button1.Click
        Button2.Enabled = True
        M = 0
        N = 0
        For i = 0 To 49
            A(i) = Int(Rnd( ) * 21 - 10)
            TextBox1.Text = TextBox1.Text & Str(A(i)) & " "
            If A(i) > 0 Then M = M + 1
            If A(i) < 0 Then N = N + 1
        Next i
    End Sub
    Private Sub Button2_Click(ByVal sender As System.Object, ByVal e As System.EventArgs) Handles Button2.Click
        ReDim B(M - 1), C(N - 1)
        Dim I1, I2 As Integer
```

```
        I1 = -1      'I1 用于保存 B 数组当前所有元素的最大下标值
        I2 = -1      'I2 用于保存 C 数组当前所有元素的最大下标值
        For i = 0 To 49
            If A(i) > 0 Then I1 = I1 + 1 : B(I1) = A(i)
            If A(i) < 0 Then I2 = I2 + 1 : C(I2) = A(i)
        Next i
        For i = 0 To I1
            TextBox2.Text = TextBox2.Text & Str(B(i)) & " "
        Next i
        For i = 0 To I2
            TextBox3.Text = TextBox3.Text & C(i) & " "
        Next i
    End Sub
End Class
```

[例 6.11] 设计一个程序,实现矩阵的转置,程序的设计和运行界面如图 6-29、图 6-30 所示。要求如下:

①单击按钮 1 生成一个 6 阶方阵。

②单击按钮 2 生成这个 6 阶方阵的转置矩阵。

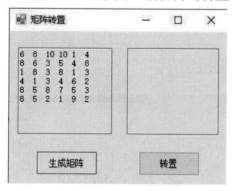
图 6-29　矩阵转置的程序设计界面

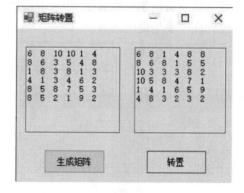
图 6-30　矩阵转置的程序运行界面

程序代码:

```
Public Class Form1
    Dim a(5, 5), b(5, 5) As Integer
    Private Sub Button1_Click(ByVal sender As System.Object, ByVal e As System.EventArgs) Handles Button1.Click
        Randomize()
        TextBox1.Text = " "
        For i = 0 To 5
            For j = 0 To 5
                a(i, j) = Int(Rnd() * 10) + 1
                TextBox1.AppendText(LSet(a(i, j), 3))
            Next j
```

```
            TextBox1.AppendText(vbCrLf)
        Next i
    End Sub
    Private Sub Button2_Click(ByVal sender As System.Object, ByVal e As System.EventArgs) Handles But-
ton2.Click
            TextBox2.Text = ""
            For i = 0 To 5
                For j = 0 To 5
                    b(i, j) = a(j, i)
                    TextBox2.AppendText(LSet(b(i, j), 3))
                Next j
                TextBox2.AppendText(vbCrLf)
            Next i
        End Sub
    End Class
```

[例6.12] 求解高于平均分的人数,程序的设计和运行界面如图6-31—图6-33所示。
要求如下:

①单击按钮输入学生人数。

②随机生成每位学生的成绩,并求平均值。

③统计高于平均值的人数。

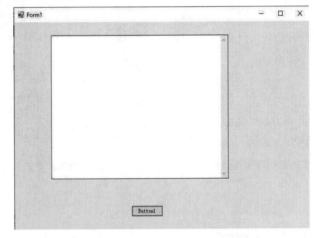

图 6-31　学生成绩的程序设计界面

图 6-32　学生成绩的程序运行界面

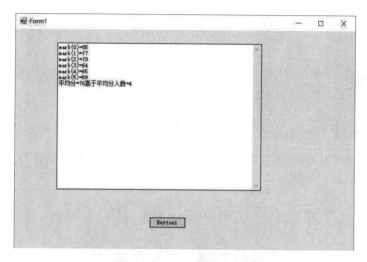

图 6-33  学生成绩的程序运行结果

程序代码:

```
Public Class Form1
    Private Sub Button1_Click(ByVal sender As System.Object, ByVal e As System.EventArgs) Handles Button1.Click
        Dim i%, n%, aver!
        n = InputBox("输入学生的人数")
        Dim mark(n − 1) As Integer
        aver = 0
        For i = 0 To n − 1
            mark(i) = Int(Rnd() * 51 + 50)
            aver = aver + mark(i)
        Next i
        ReDim Preserve mark(n + 1)
        mark(n) = aver / n
        mark(n + 1) = 0
        For i = 0 To n − 1
            If mark(i) > mark(n) Then mark(n + 1) = mark(n + 1) + 1
        Next i
        For i = 0 To n − 1
            TextBox1.Text &= " mark(" & i & ")=" & mark(i) & vbCrLf
        Next i
        TextBox1.Text &= "平均分=" & mark(n) & "高于平均分人数=" & mark(n + 1)
    End Sub
End Class
```

[**例 6.13**]  统计正负数的个数,并分别求出所有正数的和以及所有负数的和,程序的设计和运行界面如图 6-34—图 6-36 所示。要求如下:

①依次输入 10 个数据。

②统计出这 10 个数据中正数的个数和负数的个数,并计算出其中所有正数的和以及所

有负数的和。

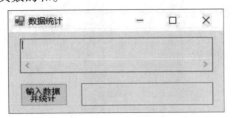 

图 6-34　数据统计的程序设计界面　　　　图 6-35　数据统计的程序运行界面

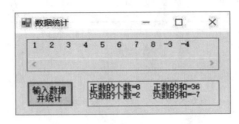

图 6-36　数据统计的程序运行结果

程序代码：

```
Public Class Form1
    Private Sub Button1_Click(ByVal sender As System.Object, ByVal e As System.EventArgs) Handles Button1.Click
        Dim A(9), num1, num2, sum1, sum2 As Integer
        num1 = 0
        sum1 = 0
        num2 = 0
        sum2 = 0
        For i = 0 To 9
            A(i) = Val(InputBox("请输入第" & Str(i + 1) & "个数", "请输入数字", "0"))
            TextBox1.Text = TextBox1.Text & Str(A(i)) & " "
        Next i
        For i = 0 To 9
            Select Case A(i)
                Case Is > 0
                    num1 = num1 + 1
                    sum1 = sum1 + A(i)
                Case Is < 0
                    num2 = num2 + 1
                    sum2 = sum2 + A(i)
            End Select
        Next i
        TextBox2.Text = "正数的个数=" & LSet(num1, 4) & "正数的和=" & LSet(sum1, 4) & vbCrLf & "负数的个数=" & LSet(num2, 4) & "负数的和=" & LSet(sum2, 4)
    End Sub
End Class
```

思考题

1.在 VB.NET 中,数组的下届默认值为 0,可以自己定义成 1 吗?

2.怎样声明一个二维数组? 在声明数组时怎样给二维数组初始化?

3.怎样确定数组中每一维的上界? 怎样引用数组中的元素?

4.要分配存放 12 个元素的整型数组,下列数组声明哪些符合要求?

(1)Dim   a%(12)

(2)Dim a%(2,3)

(3)Dim   a%(11)

(4)Dim a%(3,4)

(5)Dim a%(1,1,2)

5.程序运行时显示"索引超出了数组界限"是什么原因?

6.已知下面的数组声明,分别写出它的数组名、数组类型、维数、各维的上、下界、数组的大小并按行的顺序列出个元素。

Dim   a(3,4)As Single

7.随机产生 10 个两位整数,找出其中的最大值、最小值和平均值。

8.声明一个一维字符类型数组,有 20 个元素,每个元素最多放 10 个字符,要求:

①由随机数形成小写字母构成的数组,每个元素的字符个数由随机数产生,范围为 1~10。

②要求将生成的数组分 4 行显示,规定每个元素宽度为 10。

③显示生成的字符数组中字符最多的元素。

9.简述列表框和组合框的异同处。

10.简述结构类型与结构变量的区别。

11.要表示列表框或组合框中选中的项目、总项目数的属性分别是什么?

12.如何定义一个结构类型? 结构类型与数组差别在哪? 如何引用结构变量中的一个成员?

13.自定义一个职工结构类型,包含职工号、姓名、工资。声明一个职工结构类型的动态数组。输入 $n$ 个职工的数据;要求按工资递减的顺序排序,并显示排序的结果,每个职工一行显示三项信息。

14.假设某班 20 名学生,为了评定某门课程的奖学金,按规定超过全班平均成绩 10%者发给一等奖,超过全班成绩 5%者发给二等奖。试编制程序,输出应获奖学金的学生名单(包括姓名、学号、成绩、奖学金等级)。

15.利用一维数组统计一个班学生 0~9、10~19、20~29、30~39、40~49、50~59、60~69、70~79、80~89、90~99 和 100 各分数段的人数。

16.利用随机函数模拟投币结果。假设投币 100 次,求"两个正面""两个反面""一正一反"3 种情况各出现的次数。

# 第 7 章

## 函数与过程

VB.NET 的大部分工作是编写事件过程,也就是 VB.NET 应用程序是由事件过程组成的;我们也知道,在 VB.NET 程序中经常要调用系统定义好的内部函数,极大地提高了用户编写程序的效率。

在实际应用中,用户除了需要调用系统提供的内部函数外,当遇到多次使用一段相同的程序代码但又不能简单地用循环结构来解决时,就需要用户自定义过程,供事件过程调用。

在 VB.NET 中,自定义过程主要有下面两种:

①以"Sub"保留字开始的为子过程,完成一定的操作功能,子过程名无返回值。

②以"Function"保留字开始的为函数过程,用户自定义的函数,函数名有返回值。

## 7.1 函数过程与子过程

### 7.1.1 函数过程的定义和调用

**1)函数过程的定义**

在窗体或标准模块的代码窗口把插入点放在所有现有过程之外,直接输入函数过程。

自定义函数过程的形式如下:

[Public|Private] Function 函数过程名([形参列表]) [As 类型]

  局部变量或常数定义

  语句块

  Return 表达式 或 函数名=表达式

End Function

其中:

①Public 表示函数过程是全局的、公有的,可在程序的任何模块调用它;Private 表示函数是局部的、私有的,仅供本模块中其他过程调用,默认时表示全局。

②As 类型:函数返回值的类型。

③形参列表:指明了参数类型和个数。其中每个参数的形式为:

[ByVal|ByRef]形参名[()][As 类型]

形式参数,简称形参或哑元,只能是变量或数组名(这时要加"()",表示是数组),用于在调用该函数时的数据传递;若无参数,形参两旁的括号不能省。

形参名前的[ByVal|ByRef]是可选的,默认为 ByVal,表示形参是值传递;加 ByRef 关键字,则表示形参是地址传递。

**2) 函数过程的调用**

函数过程的调用同前面大量使用的内部函数调用相同。唯一的差别是函数过程由用户定义,内部函数由 VB 系统提供。形式如下:

函数过程名([实参列表])

实际参数简称实参,是传递给过程的变量或表达式。

由于 VB.NET 是事件驱动的运行机制,对自定义过程的调用一般是由事件过程调用的。调用时,由于函数过程名返回一个值,故函数过程不能作为单独的语句加以调用,必须作为表达式或表达式中的一部分,再配以其他的语法成分构成语句。

[**例 7.1**] 编写一个简单的数学函数模型(涉及函数的调用),程序设计界面、运行结果如图 7-1、图 7-2 所示,要求如下:

①已知函数 $f=\sqrt{x^2+y^2}$,其中,$x$、$y$ 为常数。

②已知 $w=(f(3,4)+f(5,6))/(f(7,8)+f(9,10))$。

③当用户点击"计算 w"按钮后,$w$ 的值立刻被计算并显示出来。

图 7-1 数学函数模型的程序设计界面　　图 7-2 数学函数模型的程序运行结果

程序代码:

```
Public Class Form1
    Function f( ByVal x As Single, ByVal y As Single)      '自定义函数 f,自变量 x,y 为单精度型
        f = Math.Sqrt( x ^ 2 + y ^ 2)                       '声明函数 f 与 x,y 的函数表达式
    End Function
    Private Sub Button1_Click_1( ByVal sender As System.Object, ByVal e As System.EventArgs) Handles Button1.Click
        Dim w As Single                                     '定义 w 为单精度型
        w = (f(3, 4) + f(5, 6)) / (f(7, 8) + f(9, 10))      '定义 w 与函数 f 的关系式
        TextBox1.Text = Format( w, "0.000")                 '将 w 保留三位小数并在文本框 1 中显示出来
    End Sub
End Class
```

注意:Math.Sqrt() 表示调用 Sqrt 函数。

[**例 7.2**] 编写一个可以生成随机数并求平均值的程序,程序设计界面、运行结果如图 7-3、图 7-4 所示,要求如下:

①点击"生成随机数按钮",自动生成 20 个随机数。

②点击"求平均值按钮",自动求出这 20 个随机数的平均值。

图 7-3　随机数的程序设计界面

图 7-4　随机数的程序运行结果

程序代码:

```
Public Class Form1
    Dim a(19) As Integer              '定义一个名为 a 的固定数组,下标范围 0 到 19,类型为整型
        Function ave(ByVal x( ) As Integer)          '自定义一个 ave 函数,数组 x 为整型
            Dim sum As Integer, i As Integer          '定义 sum 为整型,i 为整型
            Sum = 0                                    '赋 sum 初值为 0
            For i = LBound(x) To UBound(x)            '变量 i 从 x 的下标下界循环到下标上界
                Sum = Sum + x(i)                      '计算 x 中随机的 20 个数字相加的结果
            Next i
            ave = Sum / (UBound(x) − LBound(x) + 1)   '声明函数 ave 的函数表达式(即求平均值)
        End Function
        Private Sub Button1_Click(ByVal sender As System.Object, ByVal e As System.EventArgs) Handles Button1.Click
            Dim i As Integer                          '定义 i 为整型
            TextBox1.Text = " "                       '文本框 1 中文本设定为"空字符串"
            Randomize( )                              '初始化随机数发生器
            For i = 0 To 19                           '变量 i 从 0 循环到 19
        a(i) = Int(Rnd( ) ∗ 101)                      '随机生成一个 0~100 的整数并赋给 a(i)
        TextBox1.Text = TextBox1.Text & Str(a(i))     '文本框 1 的文本为随机生成的整数
        Next i
        End Sub
         Private Sub Button2 _ Click (ByVal sender As Object, ByVal e As System. EventArgs) Handles Button2.Click
            TextBox2.Text = ave(a)                    '文本框 2 中的文本为这 20 个数的平均值
            End Sub
            Private Sub Form1_Load(sender As Object, e As EventArgs) Handles MyBase.Load
            End Sub
    End Class
```

注意:Rnd( )函数的作用是产生一个[0,1)的随机数。

### 7.1.2　子过程的定义和调用

通过上述几例可以看到使用函数过程给编程带来了很多优点。但在编写过程中,有时不是为了获得某个函数值,而是为了某种功能的处理或者要获得多个结果等,可使用子过程。

**1) 子过程的定义**

子过程定义的方法同函数过程一样,形式如下:

[Public|Private] Sub 子过程名([形参列表])

局部变量或常数定义

语句块

End Sub

其中:子过程名、形参同函数过程中对应项的规定,当无形参时,括号不能省略。

与函数过程的区别及注意事项如下:

①把某功能定义为函数过程还是子过程,没有严格的规定。一般来说,若程序有一个返回值时,用函数过程更直观;当过程无返回值或有多个返回值时,习惯用子过程。

②函数过程有返回值,过程名也就有类型;同时在函数过程体内必须对函数过程名赋值或通过 Return 语句返回函数值。子过程名没有值,过程名也就没有类型;同样不能在子过程体内对子过程名赋值。

③形参个数的确定。形参是过程与主调程序交互的接口,从主调程序获得初值,或将计算结果返回给主调程序。不要将过程中所有使用过的变量均作为形参。

④形参没有具体的值,只代表了参数的个数、位置、类型。

**2) 子过程的调用**

子过程的调用是一条独立的调用语句,有两种形式:

①Call 子过程名([实参列表])

②子过程名([实参列表])

注意:

①前者用 Call 关键字时,若有实参,则实参必须加圆括号括起来,无实参时圆括号省略,后者无 Call,而且也无圆括号。

②若实参要获得子过程的返回值,则实参只能是变量(与形参同类型的简单变量、数组名、结构类型),不能是常量、表达式,也不能是控件名。

[例 7.3]　编写一个能够在两个界面相互切换的程序,程序设计界面、运行界面如图 7-5—图 7-8 所示,要求如下:

①点击 Form1 中的 Button1、Button2、Button3 将会居中于该界面。

②点击"显示 Form2"按钮后,界面切换到 Form2。

③点击 Form2 中的 3 张图片将会居中于该界面。

④点击"返回 Form1"按钮后,界面返回到 Form1。

图 7-5　Form1 设计界面

图 7-6　Form2 设计界面

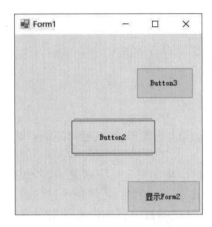
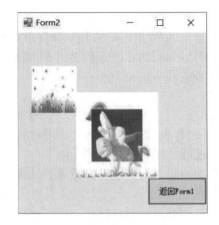

图 7-7　Form1 运行界面　　　　　图 7-8　Form2 运行界面

程序代码：

```
Public Class Form1
    Private Sub Button1_Click(ByVal sender As System.Object, ByVal e As System.EventArgs) Handles Button1.Click
        Call MoveCtrl(Me, Button1)                  '调用函数 MoveCtrl,点击 Button1,移动到界面中心
    End Sub
    Private Sub Button2 _ Click (ByVal sender As Object, ByVal e As System. EventArgs) Handles Button2.Click
        Call MoveCtrl(Me, Button2)                  '点击 Button2,按钮 2 移动到界面中心
    End Sub
    Private Sub Button3 _ Click (ByVal sender As Object, ByVal e As System. EventArgs) Handles Button3.Click
        Call MoveCtrl(Me, Button3)                  '点击 Button3,按钮 3 移动到界面中心
    End Sub
    Private Sub Button4_Click(ByVal sender As System.Object, ByVal e As System.EventArgs) Handles Button4.Click                                          '点击"显示 Form2"按钮
        Me.Hide()                                   ' Form1 隐藏
        Form2.Show()                                ' Form2 显示
    End Sub
End Class
Public Class Form2
    Private Sub PictureBox1_Click(ByVal sender As System.Object, ByVal e As System.EventArgs) Handles PictureBox1.Click
        Call MoveCtrl(Me, PictureBox1)              '点击图片 1,图片 1 移动到界面中心
    End Sub
    Private Sub PictureBox2_Click(ByVal sender As System.Object, ByVal e As System.EventArgs) Handles PictureBox2.Click
        Call MoveCtrl(Me, PictureBox2)              '点击图片 2,图片 2 移动到界面中心
    End Sub
    Private Sub PictureBox3_Click(ByVal sender As System.Object, ByVal e As System.EventArgs) Handles
```

PictureBox3.Click

   Call MoveCtrl( Me, PictureBox3)      '点击图片 3,图片 4 移动到界面中心

    End Sub

  Private Sub Button1_Click( ByVal sender As System.Object, ByVal e As System.EventArgs) Handles Button1.

Click                 '点击"返回 Form1"按钮

    Me.Hide( )          ' Form2 隐藏

    Form1.Show( )        ' Form1 显示

    End Sub

  End Class

**[例7.4]** 编写一个程序,计算数列 $1,1/3,1/6,1/10,\cdots,1/(1+2+3+\cdots+n-1),1/(1+2+3+\cdots+n)$ 的和,程序运行界面、运行结果分别如图 7-9、图 7-10 所示,要求如下:

①用户能够自己输入 $n$ 的值;

②用循环的方式编写该程序。

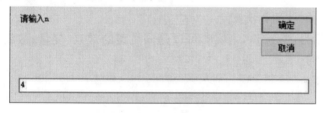　

图 7-9　数列求和的程序运行界面    图 7-10　数列求和的运行结果

程序代码:

```
Public Class Form1
    Sub s( ByVal k As Integer, ByRef sum As Integer)  '自定义子过程 s
        Dim i As Integer                      '定义 i 为整数
        sum = 0                               '赋 sum 初值为 0
        For i = 1 To k                        '变量 i 从 1 循环到 k
            sum = sum + i                     'i 从 1 循环到 k 相加的和
        Next i
    End Sub
    Private Sub Form1_Click( ByVal sender As Object, ByVal e As System.EventArgs) Handles Me.Click
                                              '点击窗体,弹出输入界面框
    Dim n, sum1, i As Integer, sum As Double
        n = Val( InputBox("请输入 n"))        '将用户输入的数据转换为数值型
        sum = 0                               '赋 sum 初值为 0
        For i = 1 To n                        '变量 i 从 1 循环到 n
        Call s( i, sum1)                      '调用子过程 s,带有参数 i,sum1
        sum = sum + 1 / sum1                  '计算该数列各项相加的和
            Next i
            MsgBox( Str( sum))                '消息框显示该数列的和
    End Sub
End Class
```

## 7.2 参数传递方式

在调用过程时,一般主调过程与被调过程之间有数据传递,即将主调过程的实参传递给被调过程的形参,完成实参与形参的结合,然后执行被调过程体;也可将形参的结果返回给实参。

### 7.2.1 形参与实参

在参数传递中,一般实参与形参是按位置传送,也就是实参的位置次序与形参的位置次序相对应传送,与参数名没有关系;在 VB 中可以使用命名参数传送的方式指出形参名,与位置无关。本书仅介绍按位置传送。

按位置传送是最常用的参数传递方法,如在调用内部函数时,用户无须知道形参名,只要注意形参的个数、类型、位置。

实参必须与形参保持个数相同,位置与类型一一对应。

形参可以是变量、带有一对括号的数组名。实参可以是同类型的常数、变量、数组元素、表达式、数组名(不要带有一对括号)。

### 7.2.2 传值与传地址

VB.NET 中实参与形参的结合有两种方法,即传地址(ByRef)和传值(ByVal),传地址又称为引用。区分这两种方法是在要使用传地址的形参前加"ByRef"关键字,而 ByVal 是系统自动添加的。

#### 1)传值

传值方式参数结合的过程是:当调用一个过程时,系统将实参的值复制给形参,实参与形参断开了联系;执行被调过程的过程体操作是在形参自己的存储单元中进行,当过程调用结束时,这些形参所占用的存储单元也同时被释放。因此在过程体内对形参的任何操作不会影响到实参。

[例 7.5] 编写交换两个数的过程 Swap1,其中 x、y 为形参,使用传值传递方式;主调程序中使用 Call Swap1(a, b)语句调用 Swap1,a 和 b 是实参。

程序如下:

Swap1,参数采用按值传递

```
Sub Swap1(ByVal x As Short, ByVal y As Short)
    Dim t As Short
    t = x
    x = y
    y = t
End Sub
```

尽管在 Swap1 过程体中形参 x 和 y 进行了交换,但过程调用结束后,实参 a 和 b 保持不变,即没有实现两数交换功能。也就是按传值传递方式,形参的改变不影响实参。

#### 2)传地址

传地址方式下参数结合的过程是:当调用一个过程时,它将实参的地址传递给形参。因此在被调过程体中对形参的任何操作都变成了对相应实参的操作,实参的值就会随过程体内对形参的改变而改变。

[**例7.6**] 将例7.5进行修改,然后变成传地址方式。将例7.5 Swapl 子过程传值传递改编成 Swap2 用传地址传递。

程序如下:

Swap2,参数采用按引用传递

Sub Swap2(ByRef x As Short,ByRef y As Short)

    Dim t As Short

    t = x

    x = y

    y = t

End Sub

读者可以自己在 VS 系统里测试下这两个程序,看下区别。

**3)传递方式的选择**

选用传值还是传地址一般进行如下考虑:

①若要将被调过程中的结果返回给主调程序,则形参必须是传地址方式。若不希望被调过程体修改实参的值,则应选用传值方式;这样可增加程序的可靠性和便于调试,减少各过程间的关联。

②传值参数只接受实参的值,所以对应的实参为同类型的表达式;传地址方式形参获得的是实参地址,这时实参必须是同类型的变量名(包括简单变量、数组名、结构变量等),不能是常量、表达式。

③实参和形参在不同的过程(简单程序一般实参在事件过程,形参在函数过程或子过程),其作用域不同,与实参与形参是否同名无关。例如在例7.5和例7.6中将形参 x、y 也命名为 a、b,其运行效果也相同。

### 7.2.3 数组参数的传递

[**例7.7**] 编写一个求任意五边形面积的程序(图 7-11),程序设计界面、运行界面如图7-12、图 7-13 所示,要求如下:

①用户能自己输入各个长度。

②五边形可以分成3个三角形再用"海伦-秦九韶"公式求面积。

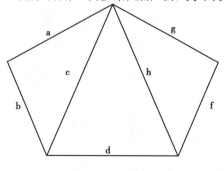

图 7-11 任意五边形

图 7-12　五边形面积的程序设计界面　　　　图 7-13　五边形面积的程序运行界面

程序代码：

```
Public Class Form1
    Function area(ByVal x!, ByVal y!, ByVal z!) As Single      '自定义函数 area 为单精度型
        Dim c!                                                  '定义 c 为单精度型
        c = (x + y + z) / 2                                     '定义 c 与 x,y,z 的关系式
        Area = math.sqrt(c * (c - x) * (c - y) * (c - z))       '声明函数 area 的函数表达式
    End Function
    Private Sub Form1_Click(ByVal sender As Object, ByVal e As System.EventArgs) Handles Me.Click
                                                                '点击窗体,弹出输入界面框
        Dim a!, b!, c!, d!, h!, f!, g!, s1!, s2!, s3!           '定义各长,各面积为单精度型
        a = InputBox("输入 a") : b = InputBox("输入 b") : c = InputBox("输入 c")
        d = InputBox("输入 d") : h = InputBox("输入 h") : f = InputBox("输入 f")
        g = InputBox("输入 g")                                   '输入各边长度
        s1 = Area(a, b, c)                                      '计算 s1
        s2 = Area(c, d, h)                                      '计算 s2
        s3 = Area(h, f, g)                                      '计算 s3
        MsgBox("多边形面积=" & s1 + s2 + s3)                      '消息框显示多边形面积的值
    End Sub
End Class
```

[**例 7.8**]　编写一个程序,计算发工资时,不同面值钞票应各发多少张,程序设计界面、运行界面如图 7-14、图 7-15 所示,要求如下：

①用户能自己输入工资总数。

②点击回车键,自动计算各面值应有张数。

图 7-14　各种面值的钞票数的程序设计界面　　图 7-15　各种面值的钞票数的程序运行结果

程序代码:

```
Public Class Form1
    Sub a(ByVal total As Integer, ByRef a100 As Integer, ByRef a50 As Integer, ByRef a10 As Integer, By-
Ref a5 As Integer, ByRef a1 As Integer, ByRef a05 As Integer, ByRef a01 As Integer, ByRef a005 As Integer, By-
Ref a001 As Integer)                                      '自定义子过程 a
        Dim m As Integer                                  '定义 m 为整型
        a100 = total \ 10000                              '计算 100 元面值应发的张数
        m = total − a100 * 10000                          '剩下应发的金额
        a50 = m \ 5000                                    '计算 50 元面值应发的张数
        m = m − a50 * 5000                                '剩下应发的金额
        a10 = m \ 1000                                    '计算 10 元面值应发的张数
        m = m − a10 * 1000                                '剩下应发的金额
        a5 = m \ 500                                      '计算 5 元面值应发的张数
        m = m − a5 * 500                                  '剩下应发的金额
        a1 = m \ 100                                      '计算 1 元面值应发的张数
        m = m − a1 * 100                                  '剩下应发的金额
        a05 = m \ 50                                      '计算 5 角面值应发的张数
        m = m − a05 * 50                                  '剩下应发的金额
        a01 = m \ 10                                      '计算 1 角面值应发的张数
        m = m − a01 * 10                                  '剩下应发的金额
        a005 = m \ 5                                      '计算 5 分面值应发的张数
        m = m − a005 * 5                                  '剩下应发的金额
        a001 = m                                          '1 分面值应发的张数
    End Sub
    Private Sub TextBox1_KeyPress(ByVal sender As Object, ByVal e As System.Windows.Forms.Key-
PressEventArgs) Handles TextBox1.KeyPress
        Dim x, a100, a50, a10, a5, a1, a05, a01, a005, a001 As Integer
        If Asc(e.KeyChar) = 13 Then                       '判断按下的键是否为回车键
            x = Val(TextBox1.Text) * 100                  '将工资转换为分
            Call a(x, a100, a50, a10, a5, a1, a05, a01, a005, a001)  '调用子过程 a
            Label2.Text = "100 元张数:" & a100 & vbCrLf    '初设定文本内容并换行
            Label2.Text = Label2.Text & "50 元张数:" & a50 & vbCrLf
            Label2.Text = Label2.Text & "10 元张数:" & a10 & vbCrLf
            Label2.Text = Label2.Text & "5 元张数:" & a5 & vbCrLf
            Label2.Text = Label2.Text & "1 元张数:" & a1 & vbCrLf
            Label2.Text = Label2.Text & "5 角的张数:" & a05 & vbCrLf
            Label2.Text = Label2.Text & "1 角的张数:" & a01 & vbCrLf
            Label2.Text = Label2.Text & "5 分的个数:" & a005 & vbCrLf
            Label2.Text = Label2.Text & "1 分的个数:" & a001    '将所有内容拼接起来
        End If
    End Sub

    Private Sub Label2_Click(ByVal sender As System.Object, ByVal e As System.EventArgs) Handles
```

Label2.Click

      End Sub

      Private Sub TextBox1＿TextChanged（ByVal sender As System.Object，ByVal e As System.EventArgs）

Handles TextBox1.TextChanged

      End Sub

    End Class

# 7.3　变量的作用域

VB.NET 中应用程序由若干个过程组成,这些过程一般保存在窗体或模块文件中,扩展名均为.vb。变量在过程中是必不可少的,变量由于定义的位置不同,可被访问的范围不同,变量可被访问的范围称为变量的作用域。

变量的作用域分为:块级变量、过程级变量、模块级变量和全局变量。

**1)块级变量**

VB.NET 中引入了块级变量,块级变量一般是在控制结构块中声明的变量,它只能在本块内有效,一般不使用。

控制结构如:If…End If、Select Case…End Seleet、For…Next、Do…Loop 语句等。

**2)过程级变量**

过程级变量(或称局部变量)是在一个过程内用 Dim 或 Static 语句声明的变量,只能在本过程中使用的变量,别的过程不可访问。过程级变量随过程的调用而分配存储单元,并进行变量的初始化,在此过程体内进行数据的存取,一旦该过程体结束,变量的内容自动消失,占用的存储单元释放。不同的过程中可有相同名称的变量,彼此互不相干。使用过程级变量,有利于程序的调试。

**3)模块级变量**

在 VB.NET 中,窗体类(Form)、类(Class)、模块(Module)都称为模块,有时将窗体称为窗体模块,类称为类模块以示与 Module 模块的区别。模块级变量是指在模块内、任何过程外用 Dim、Private 语句声明的变量。可被本模块的任何过程访问。

如例 7.2 中,在 Public 之后,每个模块之前,定义了数组变量 a(19)为模块级变量,可以在此模块内的任何一个过程使用,同时代表随机数一旦生成之后,在任何过程内都有效,不会被重新定义或清除。

Public Class Form1

    Dim a(19) As Integer　'定义一个名为 a 的固定数组,下标范围 0 到 19,类型为整型

    Function ave(ByVal x( ) As Integer)　'自定义一个 ave 函数,数组 x 为整型

**4)全局变量**

在模块级用 Public 语句声明的变量,可被应用程序的任何过程或函数访问。全局变量的值在整个应用程序中始终不会消失和重新初始化,只有当整个应用程序执行结束时,才会消失。

下面一个模块文件中进行不同级的变量声明。

```
Module Module1
Public Pa As Integer        ' Pa 为全局变量
Private Mb As String        ' Mb 为模块级变量
Sub F1( )
    Dim Fa As Integer       'Fa 为过程级变量
    Dim x As Integer        'x 为过程级变量
```

一般来说,在同一模块中定义了不同级而有相同名的变量时,系统优先访问作用域小的变量名。

接来下,通过具体例子来看下变量在复杂程序中的应用。

[**例7.9**] 编写一个程序,要求能够删去数组中重复的数据,程序设计界面、运行界面如图 7-16 和图 7-17 所示,要求如下:

①点击"生成数据"能够自动生成一组数据;

②点击"删除重复数据"能够删除重复数据并显示删除重复数据之后的数据。

图 7-16　删除重复数据的程序设计界面

图 7-17　删除重复数据的程序运行界面

程序代码:

```
Public Class Form1
    Dim x( ), num As Integer                              '定义数组 x 为整型,num 为整型
    Sub s( ByRef a( ) As Integer, ByRef n As Integer)    '自定义子过程 s
        Dim i, j As Integer                              '定义 i,j 为整型
        i = 0                                            '赋 i 初值为 0
        n = UBound( a)                                   '赋 n 初值为 a 的下标上界
        Do While i <= n − 1                              '循环语句,当 i<=n−1 时循环
            j = i + 1                                    '赋 j 值为 i+1
            Do While j <= n                              '循环语句,当 j<=n 时循环
        If a( i) = a( j) Then                            '判断语句,当 a( i) = a( j)时执行下面语句
            For k = j To n − 1                           'k 从 j 循环到 n−1,每次加 1
            a( k) = a( k + 1)                            '将该元素后面元素逐个赋给前一位(即删除该元素)
            Next k
            n = n − 1                                    '新数组的元素个数减去 1
        Else                                             '当 a( i) = a( j)不满足时执行
            j = j + 1                                    '将 j 逐次加 1
            End If
        Loop                                             '循环继续
```

```
            i = i + 1                                  '将 i 逐次加 1
        Loop
    End Sub                                            '结束定义
    Private Sub Button1_Click(ByVal sender As System.Object, ByVal e As System.EventArgs) Handles But-
ton1.Click
        num = 9                                        '赋 num 初值为 9
        ReDim x(num)                                   '重定义 x 下标为 0~9 共 10 个元素
        Randomize()                                    '初始化随机数发生器
        TextBox1.Text = " "                            '将文本框 1 文本初设为空白
        For i = 0 To num                               '变量 i 从 0 循环到 9,每次加 1
            x(i) = Int(Rnd() * 5 + 1)                  '随机生成一个 1~5 的整数并赋给 x(i)
            TextBox1.Text = TextBox1.Text & Str(x(i))  '将 10 个数拼接并显示出来
        Next i
    End Sub
    Private Sub Button2_Click(ByVal sender As System.Object, ByVal e As System.EventArgs) Handles But-
ton2.Click
        Call s(x, num)                                 '调用子过程 s
        ReDim Preserve x(num)                          '保留原来的数据再分配数组空间
        TextBox2.Text = " "                            '将文本框 2 文本初设为空白
        For i = 0 To num                               '变量 i 从 0 循环到 num,每次加 1
        TextBox2.Text = TextBox2.Text & Str(x(i))      '将删除重复数据的结果拼接显示出来
        Next i
    End Sub
End Class
```

# 7.4  综合应用

[**例 7.10**]  编写一个简单的数学函数模型(有关循环的使用),程序设计界面、运行结果如图 7-18、图 7-19 所示,要求如下:

①已知函数 $f(x)$ 等于从 1 加到 $x$($x$ 为正整数)的和。

②定义函数 $y = (f(m) + f(n)) / f(p)$。

③当用户依次输入 $m,n,p$ 后,点击按钮 "$y=$" 后,$y$ 的值立即显示出来。

图 7-18  简单数学函数模型的程序设计界面

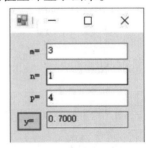

图 7-19  简单数学函数模型的程序运行结果

程序代码:

```
Public Class Form1
    Function f(ByVal k As Integer) As Long        '自定义函数 f 为长整型,自变量 k 为整型
        Dim i As Integer, sum As Long             '定义 i 为整型,sum 为长整型
        sum = 0                                   '赋 sum 初值为 0
        For i = 1 To k                            'i 从 1 循环到输入的 k 值,每次循环加 1
            sum = sum + i                         '计算每个数字相加的结果
        Next i                                    '取下一个值
        f = sum                                   '声明函数 f 与 sum(与 k)的函数表达式
    End Function
    Private Sub Form1_Load(ByVal sender As System.Object, ByVal e As System.EventArgs) Handles My-
Base.Load

    End Sub
    Private Sub Button1_Click(ByVal sender As System.Object, ByVal e As System.EventArgs) Handles But-
ton1.Click
        Dim m, n, p As Integer, y As Single      '定义 m、n、p 为整型,y 为单精度型
        m = Val(TextBox1.Text)                    '将 TextBox1 中的数值字符串转换为数值并附给 m
        n = Val(TextBox2.Text)                    '同上
        p = Val(TextBox3.Text)                    '同上
        y = (f(m) + f(n)) / f(p)                  '定义函数 y 与 f 的关系式
        TextBox4.Text = Format(y, "0.0000")       '将 y 的值保留 4 位小数并在文本框 4 显示出来
    End Sub
End Class
```

注意:$m$、$n$、$p$ 的值只能输入正整数,否则计算结果是错误的。

[**例7.11**] 编写一个程序,判断一个字符串是否为回文形式(ABCBA 型,例如 123 回 321 是回文,12 回 321 不是回文),程序设计界面、运行结果如图 7-20、图 7-21 所示,要求如下:

①用户能在文本框主动输入一个字符串。

②点击按钮,程序自动判断该字符串是否为回文形式并显示出来。

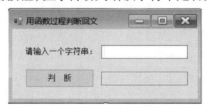
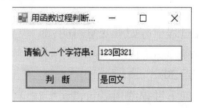

图 7-20 回文判断的程序设计界面　　　图 7-21 回文判断的程序运行结果

程序代码:

```
Public Class Form1
    Function p(ByVal s As String) As Boolean      '自定义函数 p 为布尔值
        Dim n, i As Integer, s1 As String         '定义 n,i 为整型,s1 为字符串
        n = Len(s)                                 '将字符串 s 的长度赋给 n
        s1 = ""                                    '赋值 s1 为空字符串
        For i = n To 1 Step -1                     '变量 i 从 n 开始循环到 1,每次减 1
```

```
        s1 = s1 & Mid(s, i, 1)              '从 s 中第 i 个字符开始向后截取 1 个字符并与 s1 连接起来
        Next i
        If s = s1 Then p = True Else p = False'如果 s 等于 s1,p 为 True;否则 p 为 False
    End Function
    Private Sub Button1_Click(ByVal sender As System.Object, ByVal e As System.EventArgs) Handles But-
ton1.Click
        Dim s As String                    '定义 s 为字符串类型
        s = Trim(TextBox1.Text)            '去掉文本框 1 中字符串两边的空白字符
        If p(s) Then
            TextBox2.Text = "是回文"        '如果 p 为 True,文本框 2 显示"是回文"
        Else
            TextBox2.Text = "不是回文"      '如果 p 不为 True(即 False),显示"不是回文"
        End If
    End Sub
```

## 思考题

1.简述为什么要用过程？主要作用是什么？

2.简述用户自定义过程与事件过程的差别是什么？

3.简述子过程与函数过程的共同点和不同处。

4.什么是形参？什么是实参？什么是值引用？什么是地址引用？地址引用时,对应的实参有什么限制？

5.编写随机整数函数过程,产生 50 个 1~200 之内的随机数。

6.已知有如下求两个平方数和的 fsum 子过程:

```
Public Sub fsum(sum%,ByVal a%,ByVal b%)
    Sum＝a＊a+b＊b
End Sub
```

在事件过程中有如下变量声明:

```
Dim a%,b%,c!
a＝10;b＝20
```

则指出如下过程调用语句错误所在:

①fsum 3,4,5

②fsum c,a,b

③fsum a+b,a,b

④Call fsum(Sqrt(c), Sqrt(a), Sqrt(b))

⑤Call fsum c,a,b

7.在 VB.NET 中,变量按它在程序中声明的位置可分为哪几种？

8.要使变量在某事件过程中保留值,有哪几种变量声明的方法？

9.为了使某变量在所有的窗体中都能使用,应在何处声明该变量？

10.在同一模块、不同过程中声明的相同变量名,两者是否表示同一变量? 之间有何联系?

11.编写判断奇偶数的函数过程。输入一个整数,判断其奇偶性。

12.利用子过程编写计算圆周长的程序。

13.哪个语句可实现参数传递机制的特殊出口?

14.VB 中默认的参数传递机制是什么?

15.VB 中函数过程和子过程必须用的关键字分别是什么?

# 第 **8** 章
## 图形应用程序

一般来说,图形可以分为两大类:矢量图形和位图图形,位图图形也常称为图像。本章主要介绍矢量图形的绘制,简称图形;在自主学习的过程中介绍图像的一些简单处理技术。

GDI 是 Graphics Device Interface 的缩写,含义是图形设备接口,它的主要任务是负责系统与绘图程序之间的信息交换,处理所有 Windows 程序的图形输出。GDI+是 GDI 的增强版本,在.NET 框架中,可以通过 GDI+来实现图形图像的编程。

## 8.1   GDI+绘图基础知识

### 1) GDI+概念

在 VB.NET 中,图形绘制与手工作画类似,也需要绘画平台即构造画布及绘画工具,即建立画笔和画刷等,然后通过绘图函数完成图形的绘制。

图形设备接口(GDI)是一个可执行程序,它接受 Windows 应用程序的绘图请求(表现为 GDI 的函数调用),并将它们传给相应的设备驱动程序。GDI+是对图形设备接口的一个扩展,它所提供的类可用于创建二维矢量图形、操纵字体以及插入图像。

程序员使用 GDI+可以创建 3 种类型的图形输出:矢量输出、光栅图形输出和文本输出。

①矢量图形输出指的是创建线条和填充图形,包括点、线、多边形、扇形和矩形的绘制。

②光栅图形的输出是指光栅图形函数对以位图形式存储的数据进行操作。在屏幕上表现为对若干行和列的像素的操作,它是直接从内存到显存的拷贝操作,在打印机上则是若干行和列的点阵的输出。Windows 在绘制界面时使用了大量的光栅输出。

③Windows 是按图形方式输出文本。用户可以通过调用各种 GDI 函数,制造出各种文本输出效果,包括加粗、斜体、设置颜色等。

### 2) GDI+分布的命名空间

GDI+在 System. Drawing. DH 动态链接库中定义,与其相关的命名空间见表 8.1。在 VB.NET的图形编程中,最常用的命名空间是 System.Drawing。

表 8.1　GDI+相关命名空间

| 命名空间 | 功　能 |
|---|---|
| System.Drawing | 提供了对 GDI+基本图形功能的访问 |
| System.Drawing.Drawing2D | 提供高级的二维和矢量图形功能 |
| System.Drawing.Imaging | 提供高级 GDI+图形处理功能 |
| System.Drawing.Text | 允许用户创建和使用多种字体 |

### 3）GDI+绘图常用的类

在图形开发中最常用的类见表 8.2。为了能够直接使用类名,可用 Imports System.Drawing 等语句引入 System.Drawing 命名空间。

表 8.2　GDI+常用类

| 类　名 | 功　能 |
|---|---|
| Graphice 类 | 包含完成绘图的基本方法,例如直线、椭圆、矩形等 |
| Pen 类 | 处理图形的轮廓部分 |
| Brush 类 | 对图形进行填充处理 |
| Font 类 | 字体功能,例如字体样式、旋转等 |

用 GDI+绘图,必须先创建 Graphics 类的画布对象实例。创建了 Graphics 的实例后,才可以调用 Graphics 类的绘图方法。窗体和所有具有 Text 属性的控件都可以构成画布。创建 Graphics 对象一般使用 CreateGraphics 方法。

形式如下:

Dim 画布对象 As Graphics

画布对象名＝窗体名或控件名.CreateGraphics

上述语句可以合成一条命令:

Dim 画布对象 As Graphics ＝窗体名或控件名.CreateGraphics

Graphics 对象具备一些常用方法,见表 8.3。

表 8.3　Graphics 常用方法

| 方法名 | 说　明 |
|---|---|
| Clear | 功能:清理画布对象 |
| | 格式:画布对象.Clear(颜色) |
| | 范例:g.Clear(Color.Pink)将画布对象 g 清理为粉色 |
| Refresh | 功能:将画布清理为原控件的底色 |
| | 格式:对象.Refresh() |
| | 范例:PictureBox1.Refresh |

续表

| 方法名 | 说　明 |
|---|---|
| Dispose | 功能:释放绘图对象 |
| | 格式:绘图对象.Dispose |
| | 范例:g.Dispose |

### 4) 常用的数据结构

图形程序需使用相关基础类与结构,来表示位置、大小、点、矩形等,表 8.4 列出常用的结构对象。

表 8.4　常用结构对象

| 结构名 | 说　明 |
|---|---|
| Point | 功能:表示一个二维坐标点(X,Y) |
| | 声明方法:Dim pt As New Point(整数 X,整数 Y) |
| | 范例:Dim pt As New Point(10,20)　'定义坐标为(10,20)的点 |
| PointF | 与 Point 相似,坐标点 X、Y 为单精度浮点数值 |
| Rectangle | 功能:定义一个矩形区域,结构的坐标是整型 |
| | 声明方法:Dim rect As New Rectangle(X,Y,Width,Height) |
| | 范例:Dim rect As New Rectangle(20,30,10,15)　'创建一个左上角坐标(20,30),宽度为 10,高度 15 的矩形区域 |
| RectangleF | 与 Rectangle 相似,结构的坐标是浮点型 |
| Size | 功能:用 Width(宽度)和 Height(高度)两个属性来表示大小 |
| | 声明方法:Dim s As New Size(Width,Height) |
| Color | 功能:用于颜色设置 |
| | 格式:FromArgb(int red,int green,int blue)　'混合 RGB 值来定义颜色 |
| | FromArgb(int alpha,Color.颜色名)　　　　'用透明度改变颜色效果 |
| | 范例:Color.FromArgb(100,Color.Blue)　'通过 Alpha 通道淡化蓝色 |

## 8.2　图形绘制

VB.NET 提供了绘制各种图形的功能。它允许用户在窗体及其各种对象上绘制直线、矩形、多边形、圆、椭圆、圆弧、曲线、饼图等图形。接下来,通过一系列的图形绘制案例,来掌握图形绘制的具体方法和程序。

[例 8.1]　阿基米德螺旋线,程序的运行界面如图 8.1 所示。

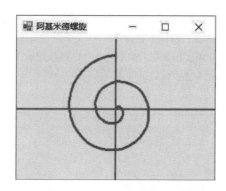

图 8.1　阿基米德螺旋线运行界面

程序代码:

```
'提前注明重要事件(数学环境,画图环境)
Imports System.Math
Imports System.Drawing.Drawing2D
Public Class Form1
    Private Sub Form1_Click(ByVal sender As Object, ByVal e As System.EventArgs) Handles Me.Click
        Dim p1 As Point
        Dim p2 As Point
        Dim x As Single, y As Single
        Dim n As Integer                                        '放大倍数
        Dim angle As Single
        Dim g As Graphics
        g = Me.CreateGraphics()
        Dim redPen As New Pen(Color.Red, 3)                     '定义画笔
        '设置新的坐标系
        g.TranslateTransform(Me.ClientSize.Width / 2, Me.ClientSize.Height / 2)   '设原点在中部左侧
        g.ScaleTransform(1, -1)                                 '反转 y 轴
        n = 6                                                   '扩大倍数
        angle = 10
        redPen.Width = 3
        For t = 0 To 2 * 360 * PI / 180 Step angle * PI / 180   '隔 angle 度操作一次
            If t = 0 Then
                p1.X = t * Sin(t) * n
                p1.Y = t * Cos(t) * n
            End If
            x = t * Sin(t)
            y = t * Cos(t)
            p2.X = x * n
            p2.Y = y * n
            g.DrawLine(redPen, p1, p2)
            p1 = p2
        Next
```

```
            redPen.Width = 2
            redPen.EndCap = LineCap.ArrowAnchor
            g.DrawLine(redPen, -Me.ClientSize.Width, 0, Me.ClientSize.Width, 0)    '画 x 坐标轴
            g.DrawLine(redPen, 0, -CInt(Me.ClientSize.Height / 2), 0, CInt(Me.ClientSize.Height / 2))    '画
y 坐标轴
            redPen.Dispose()
            g.Dispose()
        End Sub
    End Class
```

注意:有重要事件必须提前注明。

[**例 8.2**] 风扇画图,程序的运行界面如图 8.2 所示。

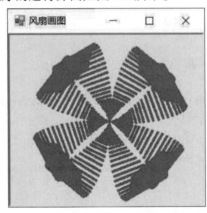

图 8.2　风扇画图运行界面

程序代码:

```
    Imports System.Math
    Imports System.Drawing.Drawing2D
    Public Class Form1
        Private Sub PictureBox1_Click(ByVal sender As System.Object, ByVal e As System.EventArgs) Handles
PictureBox1.Click
            Dim p1 As Point
            Dim p2 As Point
            Dim g As Graphics
            Dim b As Single
            g = PictureBox1.CreateGraphics()
            Dim redPen As New Pen(Color.Red, 3)                                '定义画笔
            For a = 0 To 360 * PI / 180 Step PI / 180                          '隔 angle 度操作一次
                b = 50 * (1 + 1 / 4 * Sin(12 * a)) * (1 + Sin(4 * a))
                p1.X = 130 + b * Cos(a)
                p1.Y = 110 - b * Sin(a)
                p2.X = 130 + b * Cos(a + PI / 5)
                p2.Y = 110 - b * Sin(a + PI / 5)
                g.DrawLine(redPen, p1, p2)
```

```
            Next
            redPen.Dispose( )
            g.Dispose( )
        End Sub
    End Class
```

［**例 8.3**］　黑白格,程序的运行界面如图 8.3 所示。

图 8.3　黑白格运行界面

程序代码:

```
Public Class Form1
    Private Sub Form1_Click( ByVal sender As Object, ByVal e As System.EventArgs) Handles Me.Click
        Dim g As Graphics
        Dim flag As Integer
        Dim x As Single
        g = Me.CreateGraphics( )
        Dim myBrush1 As New SolidBrush( Color.White)
        Dim myBrush2 As New SolidBrush( Color.Black)
        flag = 1
        x = Me.ClientSize.Width / 10            '方格边长
        For i = 0 To Me.Width Step x            '外循环每执行一轮,由内循环画出棋盘的一列图案
            For j = 0 To Me.Height Step x       '内循环每执行一次,画出第 i+1 列的第 j+1 格
                '根据 Flag 的值设置画图颜色
                If flag = −1 Then
                    g.FillRectangle(myBrush1, i, j, x, x)      '(i,j)为小矩形的左上角坐标
                    flag = flag ∗ (−1)
                Else
                    g.FillRectangle(myBrush2, i, j, x, x)
                    flag = flag ∗ (−1)
                End If
            Next j
        Next i
```

```
            g.Dispose()
        End Sub
        Private Sub Form1_Load(ByVal sender As System.Object, ByVal e As System.EventArgs) Handles My-
Base.Load
            Me.Height = Me.Width
        End Sub
    End Class
```

[**例 8.4**]　划线,程序的运行界面如图 8.4 所示。

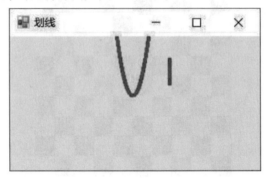

图 8.4　划线运行界面

程序代码:

```
    Imports System.Drawing.Drawing2D
    Public Class Form1
        Private Sub Form1_Click(ByVal sender As Object, ByVal e As System.EventArgs) Handles Me.Click
            Dim p1 As Point                              '起点坐标
            Dim p2 As Point                              '终点坐标
            Dim x As Single
            Dim y As Single
            Dim g As Graphics
            Dim n As Integer
            g = Me.CreateGraphics()
            Dim redPen As New Pen(Color.Red)             '定义画笔
            '设置新的坐标系
            g.TranslateTransform(CInt(Me.ClientSize.Width / 2), CInt(Me.ClientSize.Height / 2))   '设原点
在屏幕中点
            g.ScaleTransform(1, -1)                      '反转 y 轴
            n = 10                                       '放大倍数
            redPen.Width = 4
            For x = -10 To 10 Step 0.1
                If x = -10 Then
                    p1.X = -10 * n                       '计算起始点坐标
                    p1.Y = (2 * x ^ 2 + x + 1) * n
                End If
```

170

```
                y = 2 * x ^ 2 + x + 1
                p2.X = n * x
                p2.Y = n * y
                g.DrawLine(redPen, p1, p2)
                p1 = p2
            Next
            MsgBox(Me.ClientSize.Height)
            MsgBox(Me.Height)
            p1.X = 40
            p1.Y = 20
            p2.X = 40
            p2.Y = 50
            g.DrawLine(redPen, p1, p2)
            redPen.Dispose()
            g.Dispose()
        End Sub
    End Class
```

[**例 8.5**]　画八卦图,程序的运行界面如图 8.5 所示。

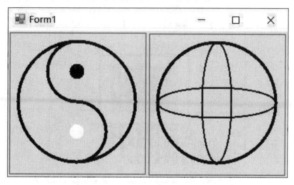

图 8.5　八卦图运行界面

**程序代码:**

```
    Public Class Form1
        Private Sub PictureBox1_Click(ByVal sender As Object, ByVal e As System.EventArgs) Handles Picture-
Box1.Click
            Dim g As Graphics
            g = PictureBox1.CreateGraphics
            Dim mypen As New Pen(Color.Black)          '创建画笔
            Dim b1 As New SolidBrush(Color.Black)      '创建画刷
            Dim b2 As New SolidBrush(Color.White)
            mypen.Width = 4
            g.DrawArc(mypen, 10, 10, 160, 160, 0, 360)'画最外面的圆
            g.DrawArc(mypen, 50, 10, 80, 80, 90, 180) '画弧,起始角为 x 轴正方向沿顺时针方向旋转 90°
```

```
        g.DrawArc(mypen, 50, 90, 80, 80, -90, 180)    '画弧,起始角为 x 轴正方向沿顺时针方向旋转
-90°
        g.FillEllipse(b1, 80, 40, 20, 20)                '画点
        g.FillEllipse(b2, 80, 120, 20, 20)
    End Sub
    Private Sub PictureBox2_Click(ByVal sender As Object, ByVal e As System.EventArgs) Handles Picture-
Box2.Click
        Dim g As Graphics
        g = PictureBox2.CreateGraphics
        Dim mypen As New Pen(Color.Black)                '创建画笔
        mypen.Width = 4
        g.DrawArc(mypen, 10, 10, 160, 160, 0, 360)      '画最外面的圆
        mypen.Width = 2
        g.DrawEllipse(mypen, 10, 70, 160, 40)            '画交叉椭圆
        g.DrawEllipse(mypen, 70, 10, 40, 160)
    End Sub
End Class
```

[例 8.6]　画电脑,程序的运行界面如图 8.6 所示。

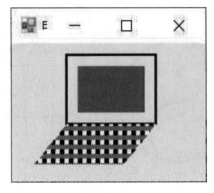

图 8.6　画电脑程序运行界面

程序代码:

```
    Imports System.Drawing.Drawing2D
    Public Class Form1


    Private Sub Form1_Click(ByVal sender As Object, ByVal e As System.EventArgs) Handles Me.Click
        Dim g As Graphics
        g = Me.CreateGraphics()                          '定义画笔
        Dim myPen As New Pen(Color.Black, 2)
        Dim myBrush As New SolidBrush(Color.Green)        '画矩形框
        g.DrawRectangle(myPen, 50, 10, 80, 60)           '另一种画矩形的方法,下列 2 行与上 1 行等价
        g.FillRectangle(myBrush, 60, 20, 60, 40)
        '定义平行四边形的顶点
```

```
        Dim point1 As New Point(50, 70)

        Dim point2 As New Point(20, 105)

        Dim point3 As New Point(100, 105)

        Dim point4 As New Point(130, 70)

        Dim curvePoints As Point( ) = {point1, point2, point3, point4}

        '用黑白色创建画刷,填充方式为"HatchStyle.Plaid"

        Dim b1 As HatchBrush

        b1 = New HatchBrush(HatchStyle.Plaid, Color.White, Color.Black)

        '用 Drawpolygon 方法画图.

        g.FillPolygon(b1, curvePoints)

    End Sub

End Class
```

[**例 8.7**]　画菱形,程序的运行界面如图 8.7 所示。

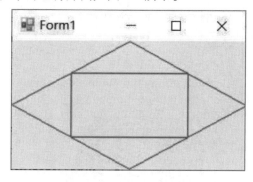

图 8.7　画菱形运行界面

程序代码:

```
    Public Class Form1

        Private Sub Form1_Paint(ByVal sender As Object, ByVal e As System.Windows.Forms.PaintEventArgs)
Handles Me.Paint

            Dim g As System.Drawing.Graphics

            'g = e.Graphics                        '第二种方式

            g = Me.CreateGraphics( )              '第一种方式

            '创建画笔

            Dim mypen As Pen

            mypen = New Pen(System.Drawing.Color.Red)

            '声明变量,获得绘图区长、宽的一半

            Dim X, Y As Integer

            X = CInt(Me.ClientSize.Width / 2)

            Y = CInt((Me.ClientSize.Height) / 2)

            '画一个菱形

            g.DrawLine(mypen, X, 0, 0, Y)

            g.DrawLine(mypen, 0, Y, X, 2 * Y)
```

```
        g.DrawLine( mypen, X, 2 * Y, 2 * X, Y)
        g.DrawLine( mypen, 2 * X, Y, X, 0)
        '在中间画矩形
        g.DrawLine( mypen, CInt( X / 2), CInt( Y / 2), CInt( X / 2), CInt( Y * 3 / 2))
        g.DrawLine( mypen, CInt( X / 2), CInt( 3 * Y / 2), CInt( 3 * X / 2), CInt( 3 * Y / 2))
        g.DrawLine( mypen, CInt( X * 3 / 2), CInt( Y / 2), CInt( X * 3 / 2), CInt( Y * 3 / 2))
        g.DrawLine( mypen, CInt( X / 2), CInt( Y / 2), CInt( 3 * X / 2), CInt( Y / 2))
        'g.DrawLine( mypen
    End Sub
    Private Sub Form1_Resize( ByVal sender As Object, ByVal e As System.EventArgs) Handles Me.Resize
        Me.Refresh( )
    End Sub
End Class
```

[**例 8.8**]　画圆弧,程序的运行界面如图 8.8 所示。

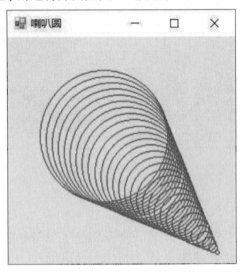

图 8.8　喇叭圆程序运行界面

程序代码:

```
Public Class Form1
    Private Sub Form1_Click( ByVal sender As Object, _
ByVal e As System.EventArgs) Handles Me.Click
        Dim g As Graphics
        g = Me.CreateGraphics
        '创建画笔
        Dim mypen As New Pen( Color.Red)
        Dim i As Integer
        For i = 150 To 5 Step -5
        '画圆弧,使圆沿 45°向下并使大小递减
```

```
        g.DrawArc(mypen, CInt(250 - 1.414 * i), CInt(250 - 1.414 * i), i, i, 0, 360)
    Next
  End Sub
End Class
```

[**例 8.9**]　环形球线,程序的运行界面如图 8.9 所示。

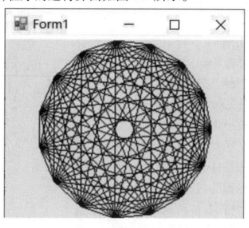

图 8.9　环形球线运行界面

程序代码:

```
Imports System.Math
Public Class Form1
    Private Sub Form1_Click(ByVal sender As Object, ByVal e As System.EventArgs) Handles Me.Click
        Dim r, xi, yi, xj, yj, x0, y0, aif, n As Single
        Dim g As System.Drawing.Graphics    '声明一个 Graphics 类的对象
        g = Me.CreateGraphics()             '使 g 对象指向当前窗体
        Dim mypen As Pen
        mypen = New Pen(System.Drawing.Color.Black)
        r = Me.ClientSize.Height / 2
        x0 = Me.ClientSize.Width / 2
        y0 = Me.ClientSize.Height / 2
        n = 15
        aif = PI * 2 / n
        For i = 1 To n - 1
            xi = r * Cos(i * aif) + x0
            yi = r * Sin(i * aif) + y0
            For j = i + 1 To n
                xj = r * Cos(j * aif) + x0
                yj = r * Sin(j * aif) + y0
                g.DrawLine(mypen, xi, yi, xj, yj)
            Next j
        Next i
    End Sub
End Sub
```

175

思考题

1.简述 GDI+的内容及其包含的命名空间，System.Drawing 命名空间主要包含哪些类？简要说明各类的主要功能。

2.简要说明 GDI+绘图的基本步骤。

3.简述绘制圆、椭圆、圆弧和扇形的方法。

4.在 GDI+中是如何实现坐标变换的？

5.如何使 Alpha 通道淡化颜色？

6.怎样调整图形框中图形内容的大小？

7.如何在图形中绘制文字？

8.改变窗体外形的方法是什么？

9.简述绘制带箭头坐标轴的过程。

10.如何使用渐变刷、网格刷、纹理刷填充文字？

11.请用 PSet 方法绘制 Sin(X)数学函数曲线。

12.请用 Circle 方法在窗体中绘制一个圆柱体。

# 参考文献

［1］龚沛曾.Visual Basic.NET 程序设计教程［M］.3 版.北京:高等教育出版社,2018.

［2］郑阿奇.Visual Basic.NET 实用教程［M］.3 版.北京:电子工业出版社,2018.

［3］殷国富,杨随先.计算机辅助设计与制造技术原理及应用［M］.成都:四川大学出版社,2001.

［4］杨光祖.Visual Basic.NET 程序设计［M］.北京:北京大学出版社,2010.

［5］龚沛曾.Visual Basic.NET 实验指导与测试［M］.3 版.北京:高等教育出版社,2018.

# 作者简介

唐茂,男,重庆人,1973年8月出生,硕士,副教授,主要研究方向:CAD/CAM集成制造技术、数控技术等,现担任成都大学机械工程学院副院长。1997年7月本科毕业于南京航空航天大学飞机系飞机设计专业,同期进入中国人民解放军5701工厂,先后任技术处、建线办助理工程师,曾参与空军重点项目:Mi-17/171直升机大修线建线工作;2000年9月进入四川大学制造学院机械制造及其自动化专业学习,2003年7月毕业,获硕士学位;同期进入成都大学机械工程系(现机械工程学院)任教至今,于2005年晋升为讲师。现担任成都大学机械工程学院副院长。近年来,承担各级科研项目8项,其中已完成4项,包括:主持"城市垃圾车废水废气防渗漏装置改进设计研究(07ZB155)"等厅级项目1项、成都大学校基金项目2项,主研"应用现代数学方法研究空间凸轮机构(07JY029-113)"等省级项目2项,厅级项目2项,成都大学校基金项目1项;发表专业论文12篇,其中核心期刊论文4篇;主编教材1部;获实用新型专利授权2项。2006年12月获成都市委宣传部、成都市科协等单位授予"一专多能优秀青年教师"称号。现主要承担工业制造学院《数控自动编程》《数控编程概论》《数控工艺》等理论课程的教学任务和机械专业课程设计、毕业设计等实践教学环节指导工作。

倪妍婷,女,工学博士,副教授。四川大学机械制造及其自动化专业博士,德国马格德堡大学数学优化系博士后。主要研究方向为制造业自动化及数字化制造领域。曾在英特尔产品有限公司工作多年,主要从事半导体生产制造工程师工作,其间曾赴马来西亚、美国硅谷、哥斯达黎加等国工作。近年来主持国家自然科学基金青年,四川省教育厅重点项目,成都大学校基金重点项目,成都大学教改项目等项目。发表论文20余篇,其中SCI检索4篇,EI检索6篇。现为 *Kybernetes*、*Journal of Advanced Manufacturing Systems* 等多个国际期刊的审稿专家。